TROIS MOIS
SUR LE GANGE
ET LE
BRAHMAPOUTRE

LIBRAIRIE DE E. DENTU

OUVRAGES DE M. LOUIS JACOLLIOT

Les Mœurs et les Femmes de l'extrême Orient

I

VOYAGE AU PAYS DES BAYADÈRES

1 volume grand in-18, illustré par Riou

Prix : 4 francs

II

VOYAGE AU PAYS DES PERLES

1 volume, grand in-18 jésus illustré par E. Yon

Prix : 4 francs

III

VOYAGE AU PAYS DES ÉLÉPHANTS

1 volume, grand in-18 jésus illustré par E. Yon

Prix : 4 francs

Imprimerie Eugène Heutte et Cie, à Saint-Germain.

TROIS MOIS SUR LE GANGE ET LE BRAHMAPOUTRE

PAR

Mme LOUIS JACOLLIOT

ILLUSTRATIONS DE E. YON

PARIS
E. DENTU, LIBRAIRE-ÉDITEUR
PALAIS-ROYAL, 17 ET 19, GALERIE D'ORLÉANS

1875

PREMIÈRE PARTIE

CHANDERNAGOR — CALCUTTA — LE GANGE

TROIS MOIS

SUR LE GANGE

ET LE

BRAHMAPOUTRE

I

Chandernagor. — Le cyclone. — Calcutta. — Les vautours et les cadavres du Gange. — Le Gath des morts. — Funérailles indoues. — Les tchandolas. — Départ pour Dakka.

Chandernagor, qui fut autrefois le comptoir le plus florissant de l'Inde entière, Chandernagor, que le génie de Dupleix avait assise sur le Gange comme une future capitale, n'est plus aujourd'hui qu'une ruine historique... mais une ruine qui émerge d'une forêt de palmiers, de multipliants, de baobabs et de flamboyants aux fleurs rouges, et qui a pour ceinture un des fleuves les plus majestueux qui soient au monde.

Après quelques années de séjour à Pondichéry, les exigences du service judiciaire nous appelèrent en 1867 dans cette ville étrange, dont chaque maison s'élève au milieu de tronçons de colonnes, de corniches et de chapiteaux brisés couchés dans l'herbe. Je n'y ai pas vu un temple qui ne fût démantelé, un palais qui ne fût à demi écroulé, une rue qui ne fût déserte et presque envahie par les lianes et ces milliers de plantes parasites des tropiques qui, avec leurs fleurs de toutes nuances, grimpent, s'enchevêtrent, se suspendent, envahissent tout, et en moins de rien donnent aux ruines de la veille une apparence déjà séculaire.

Rien ne saurait rendre les émotions diverses que je ressentis le premier soir de notre arrivée.

Le cansama — chef de la domesticité — attaché à la présidence depuis plus de vingt ans, vieillard entendu et d'une fidélité que je ne tardai pas à apprécier, était venu nous attendre à la descente du steamer à Calcutta, et nous avait évité tous les ennuis d'un premier établissement. Il nous avait préparé sur les bords du Gange, une vaste maison construite à la manière indoue, avec colonnes sur quatre faces, vérandahs spacieuses, salles de bain, chambres intérieures à l'abri du soleil, le tout surmonté d'une de ces vastes terrasses que l'on a l'habitude dans l'Inde de transformer en parterre, et où chaque soir la famille se rassemble pour respirer les senteurs fraîches et embaumées de la brise, qui se lève régulièrement du côté des montagnes du Behar au soleil couchant.

J'avais quitté depuis huit jours à peine, avec toutes les angoisses d'une maîtresse de maison qui change de résidence, notre charmante habitation de Pondichéry, bien installée, pourvue d'un nombreux personnel de domestiques auxquels j'étais habituée, parlant cette douce et sonore langue tamoule que j'avais apprise d'eux ; et je me trouvais tout d'un coup, comme par enchantement, transportée à six cents lieues de là, dans une maison nouvelle où, après deux heures d'une visite minutieuse, je n'avais trouvé à dire à notre cansama Check-Metor, que ces simples paroles : « C'est bien. »

Pendant que d'un côté, il y avait réception au

tribunal de tous les employés du service judiciaire, que l'on présentait à leur nouveau chef; de l'autre je faisais connaissance avec les serviteurs choisis par Check-Metor, et m'initiais à leurs différentes fonctions. Ils parlaient tous le bengali, langue dont je n'entendais pas un mot, mais j'avais emmené avec moi du Carnatic, ma suivante préférée Anniama; notre cansama parlait parfaitement le français, cela suffisait pour m'éviter les embarras que j'avais éprouvés à Pondichéry, jusqu'au jour où je possédai une quantité suffisante d'expressions indigènes, pour donner mes ordres directement.

Je ne parle que pour mémoire, d'un Nubien que mon mari avait engagé sur la côte d'Arabie, qui s'était tellement attaché à son maître, et lui avait donné, dans ses nombreux et périlleux voyages, de si grandes preuves de dévouement, que nous ne le comptions pas dans la domesticité. A part les époques d'excursions, où sa fidélité et son courage étaient d'un précieux secours, il avait, en temps ordinaire, conquis le droit de ne faire un peu que ce qu'il voulait, et il en profitait pour passer une partie de la journée dans les bazars indigènes, où il amusait les commères qui le faisaient boire, par ses danses et ses exploits de voyages, à faire pâlir les hauts faits des héros du Ramayana et de l'Iliade. Quand à force de *callou* et d'*arrack*, il ne pouvait plus se tenir, la police indigène le ramenait à la maison, non sans laisser parfois quelques baudriers rouges et quelques turbans sur le terrain.

Son maître donnait-il le signal du départ, ce n'était plus le même homme ; son intelligence naïve et des plus bornées, comme celle de tous les nègres à face épatée, semblait se réveiller ; il ne buvait plus, avait l'œil à tout, et tant que durait le voyage, ne s'inquiétait que de la sûreté de la petite caravane qu'il surveillait avec la fidélité inquiète et grondeuse d'un dogue de sang. Dans les bois et les jungles, qui lui rappelaient les déserts de la Nubie où il était né, il se transformait, et reprenait toutes les qualités du sauvage, percevait tous les bruits et en devinait la cause, à vue d'œil reconnaissait toutes les pistes, et parfois relevait jusqu'aux émanations des fauves.

Avec les habitudes de sa jeunesse qui s'était

écoulée sur les bords des marais du centre Afrique, et le peu d'élévation de son intelligence, il ne savait à quoi employer ses loisirs, et devait fatalement se laisser dominer par le goût des liqueurs fermentées, défaut commun à toute sa race, dont nous avons vainement tenté de le corriger. Je comptais donc fort peu sur ses services à la maison, non que le brave garçon ne se fût mis en quatre pour me satisfaire, mais il n'était presque jamais dans un état qui lui permît d'exécuter mes ordres.

Sur le soir, quand les corvées officielles furent terminées, et que nous nous trouvâmes réunis dans la salle à manger, le service marchait comme si nous étions installés au Bengale depuis plusieurs années. Le pankah, sorte d'immense éventail suspendu au plafond par des cordes mobiles, manœuvré par le bohis, nous envoyait à toute volée de l'air rafraîchi par la vitesse de sa course, Check-Metor et Anniama nous servaient sans bruit. Le mali et le metor se glissaient silencieusement entre les colonnes de la vérandah, apportant les plats et recevant les assiettes vides. Le velacoucara surveillait dans leurs verrines les lampes qui éclairaient l'intérieur de l'habitation et ses abords, pendant qu'au loin le totoucara — jardinier — et le dorouan préposé à la garde de la porte extérieure, chantaient d'un ton nasillard et monotone, un refrain bengali qui, dans leur pensée, avait le don d'éloigner les mauvais présages et de charmer les esprits de la nuit.

Les dorouans, obligés par état à veiller souvent jusqu'aux heures les plus avancées, à l'entrée des habitations, superstitieux comme tous les Indous, que les ténèbres plongent dans de mystérieuses terreurs, possèdent une quantité incroyable d'exorcismes, d'invocations et autres moyens de chasser les esprits mauvais de toutes catégories, qui peuplent les croyances vulgaires du brahmanisme. J'aurai souvent à signaler des scènes amusantes provoquées par leur crédulité.

A l'issue du repas, deux vigoureux tatous, petits chevaux de l'Himalaya, qui piaffaient dans la cour, balayant le sol de leurs longues crinières, nous entraînèrent le long des quais du Gange, pendant que les deux vindicaras,

chargés de les soigner, luttaient de vitesse avec eux, les animant du geste et de la voix.

C'était l'heure où toute la société française et cosmopolite, venait respirer la fraîcheur qui se dégageait du fleuve ; bientôt les attelages se mirent au pas, chacun descendit pour faire un peu de promenade à pied, exercice des plus salutaires dans ces climats ; des groupes se formèrent et nous distribuâmes, de tous côtés, les souhaits et les poignées de main que les amis de Pondichéry, nous avaient chargés de porter aux amis du Bengale.

Il était près de minuit quand nous rentrâmes, c'était une soirée d'exception, dans un pays où se coucher tôt et se lever de bonne heure, est une règle absolue d'hygiène.

Le pauvre dorouan, grelottant sous une fraîcheur qui nous faisait, à nous Européens, le plus grand bien, avait eu le temps de psalmodier tous les exorcismes de son recueil, et je sus le lendemain matin d'Anniama, qu'il avait demandé avec angoisse si ses nouveaux maîtres prendraient l'habitude de rentrer aussi tard tous les soirs.

Ainsi, grâce à l'admirable organisation du

service dans l'Inde, débarqués du matin, nous avions repris le même jour sans ennuis, sans tracas, notre genre de vie de Pondichéry.

Il ne faudrait pas croire cependant que tout se passe toujours avec la même facilité. Les étrangers qui n'ont pas sous la main un cansama intelligent, attaché à la fonction et non à la personne, et que chaque magistrat ou administrateur est obligé de laisser à son successeur, mettent souvent de longs mois à s'installer, et à composer une domesticité habile et fidèle. Il est juste de dire que ce résultat obtenu, c'est à peu près pour toujours, car il est rare qu'un serviteur indou qui a pris ses habitudes chez vous, vous quitte pour aller ailleurs. Il y a beaucoup de braves gens dans cette race, quoi qu'en disent les touristes, qui n'ont jamais à leur service passager, que les mauvais sujets repoussés de toutes les maisons européennes, gens qui considèrent leurs maîtres d'occasion comme matière exploitable à merci. Le travail d'épuration que peuvent faire facilement le résident ou le créole qui montent leur maison, les amène toujours à posséder un personnel convenable.

Le cansama Check-Metor était, ainsi que je viens de le dire, au service de tous les présidents qui se succédaient à Chandernagor. Dès qu'il apprenait l'arrivée d'un nouveau titulaire, il installait une maison, retenait des domestiques de choix, la plupart du temps il ne faisait que conserver ceux du magistrat partant, puis il se rendait à Calcutta, dès que le steamer était signalé, et enlevait à son nouveau maître jusqu'à l'ennui de s'occuper de ses bagages.

Malgré l'heure avancée de la nuit, nous fûmes passer quelques instants sur la terrasse ; après une journée de fatigues et d'émotions diverses, il est bon de se reposer en famille dans de douces causeries, loin du bruit et des tracas officiels.

Nous dominions toute la ville endormie dans ses flots de verdure, et le cours du Gange dont la nappe immense, argentée par les rayons de la lune, envoyait ses flots sur le rivage avec un bruit assez semblable à celui de l'Océan sur les grèves, quand la vague se repose sous un ciel calme.

Par delà la cité européenne, derrière les ruines du palais de Dupleix qu'on apercevait se détachant sur l'azur sombre, la trompe brahmanique se faisait entendre, dans la direction du Gath des morts, accompagnant quelque cérémonie funéraire de la ville indigène au bûcher funéraire. De tous côtés éclataient les hurlements sinistres de milliers de chacals affamés, qui chaque nuit pénètrent dans les rues en quête de nourriture, s'introduisent jusque dans les maisons, et parfois dans les cases indoues ouvertes à tous les vents, enlevant les petits enfants dans leurs berceaux.

On ne croirait jamais jusqu'où peut aller l'insolence de ces animaux; dès que le jour baisse ils sortent en foule de la jungle, et prennent littéralement possession de Chandernagor; les murs les plus élevés ne leur sont pas un obstacle; vous les rencontrez dans votre jardin, au détour d'une allée, ils vous regardent sournoisement en faisant claquer leurs mâchoires et détalent sans bruit; il n'est pas rare d'en voir rôder jusque dans les appartements intérieurs, dont on est obligé de laisser portes et fenêtres ouvertes, si l'on ne veut que la chaleur vous prive de tout repos.

Les rives du Gange en sont encombrées ; ils attendent là que les flots leur rejettent quelques cadavres dont ils se disputent les lambeaux en se livrant des batailles acharnées...

En amont, sur la rive droite du fleuve, à deux milles à peine de la ville, brillaient une cinquantaine de feux, dont les lueurs sinistres annonçaient que le Gath des morts n'avait pas chômé de cadavres ce soir-là.

Il y a, dans ces soirées de l'Inde pleines de bruits étranges, de cris inconnus, de chants bizarres, qui s'élèvent au loin des paillotes indoues, un charme mystérieux qui vous séduit au delà de toute expression, et porte au rêve les caractères les plus réfractaires à la mélancolie. Bercés par ces harmonies singulières, nous ne nous retirâmes dans l'intérieur des appartements que fort avant dans la nuit.

Nous étions arrivés à Calcutta et Chandernagor par le paquebot du 23 octobre. Deux mois après allaient commencer les vacances judiciaires, placées dans l'Inde à cette saison de l'année à cause de sa fraîcheur relative, et déjà nous nous inquiétions de savoir quelle serait la direction que nous donnerions à nos loisirs, lorsqu'une circonstance fortuite vint nous forcer de les employer à satisfaire des engagements pris depuis longtemps, et que nous n'avions pas encore eu l'occasion de tenir.

Un de nos amis, le major Daly, dont mon mari avait fait la connaissance dans ses voyages à Ceylan, et qui venait fréquemment nous voir à Pondichéry, avait quitté le service de la reine à la suite d'un héritage important qu'il avait fait à Dakka, ancienne capitale du Bengale. Il s'était retiré là entre le vieux Gange et le Brahmapoutre, sur une immense propriété qu'il détenait à titre de mirasdar, et dont la culture n'exigeait pas moins de vingt mille Indous.

Sur le territoire anglais, la propriété n'appartient pas à l'indigène; c'est un des attributs de la souveraineté. Les rajahs et l'ancienne Compagnie des Indes, en récompense de services rendus, concédaient souvent à des particuliers la propriété de grandes étendues de terrains, avec les Indous appelés *raiots* ou cultivateurs qui s'y trouvaient. Ces concessionnaires prenaient le nom de zemindars, ou mirasdars, selon les lieux, et, moyennant une redevance annuelle au Trésor, ils exerçaient sur la propriété cédée tous les droits du souverain, percevaient l'impôt, rendaient la justice et battaient monnaie. Après la révolte des cipayes en 1857, le gouvernement de l'Inde ayant fait retour à la couronne, le droit de battre monnaie et de rendre la justice fut enlevé aux mirasdars; mais avec leur propriété ils conservèrent le droit d'établir et de prélever l'impôt sur leurs *raiots*, moyennant une redevance plus élevée que celle qu'ils payaient précédemment à la Compagnie. Partout où l'Angleterre a rencontré ces coutumes féodales, elle les a conservées dans l'intérêt de son budget, qui évite ainsi des frais de perception sur de grandes étendues de territoire.

Quand les mirasdars sont humains et généreux, les pauvres Indous ne souffrent point trop de cette situation; dans le cas contraire, les *raiots* sont simplement des serfs taillables et corvéables attachés à la glèbe, c'est l'esclavage sous un autre nom.

Telle était la situation du major.

Lors de sa dernière visite, en se rendant à

Dakka, il nous avait fait promettre, avec tous les serments d'usage, d'aller passer une saison sur son habitation, et depuis chacune de ses lettres venait à période fixe nous rappeler nos promesses. A toutes nous avions répondu : « Nous irons vous voir quand nous serons à « Chandernagor. » C'était un peu le renvoi aux calendes grecques, car il n'était point sûr que nous allassions jamais dans cet établissement.

Nous étions à peine installés au Bengale depuis quinze jours, qu'un matin, un ami commun, M. Stevens, négociant anglais qui faisait les affaires du major à Calcutta, vint nous apporter une lettre de lui, qui nous sommait de tenir notre parole.

Ce voyage était long et pénible, et nous hésitions sur la réponse que nous devions faire, lorsque l'aimable émissaire ajouta :

— Je vais moi-même passer la belle saison à Dakka avec Mme Stevens, nous avons un magnifique dingui à seize rameurs, pouvant au besoin marcher à la voile, bien ponté, avec un petit salon et quatre cabines, et nous serions heureux de pouvoir compter sur votre compagnie. Mon cercar — chef batelier — est un des meilleur du Gange, et sa connaissance des lieux sera d'un grand secours pour éviter tous les dangers inséparables d'une pareille excursion.

Cette offre aimable répondait à toutes nos appréhensions. Mme Stevens, fille d'un officier anglais et d'une musulmane qui avait abjuré le Coran le jour de son mariage, était une jeune femme charmante, qui alliait aux grâces de la créole, tous les dons d'une brillante éducation européenne. Nulle autre compagnie ne m'eût été plus sympathique.

Nous acceptâmes, et il fut convenu que le 28 décembre nous nous réunirions tous à Calcutta, pour partir le lendemain. Le jour même un exprès fut expédié au major Daly, pour lui annoncer notre décision.

M. Stevens retourna dans la soirée à Calcutta, qui n'est séparé de Chandernagor que par une heure de chemin de fer.

En revenant de l'accompagner, les vindicaras mirent les chevaux au pas, et nous rentrâmes à l'habitation par les bords du Gange. Le temps, très-couvert depuis quelques jours, avait ce soir-là des teintes d'un jaune cuivré, qui nous semblèrent d'un sinistre présage. Le fleuve, qui atteint en cet endroit une largeur de plus de trois kilomètres, coulait lourdement sous une atmosphère étouffante, on respirait avec peine ; tout le long de la berge, les bateliers, s'aidant les uns les autres, retiraient leurs embarcations de l'eau et les transportaient en haut du quai. De l'autre côté du fleuve, un groupe d'individus, qui nous apparaissaient comme de petits points noirs sur la grève, élevaient inutilement au sommet de son mât, un drapeau blanc pour appeler le passeur ; celui-ci les regardait faire, et ne se dérangeait pas. Tout ce que nous voyions avait un aspect inaccoutumé, incompréhensible. Un seul mot que nous jeta un Indou que nous interrogions, nous mit au courant de la situation.

— Nirgatha, — le vent de la mer, — dit-il.

Tout annonçait un de ces terribles cyclones, qui, éclatant presque à l'improviste, tantôt en mer, tantôt sur la terre ferme, broient les navires dans la lame, ou détruisent des villes entières, et font pirouetter dans les airs, comme des fétus de paille, des arbres trois fois séculaires.

Notre promenade n'était pas achevée, qu'un vent violent se mit à souffler de l'est, et qu'en un instant des tourbillons de sable et de poussière, nous dérobèrent la vue de ce qui nous entourait; les chevaux affolés, se précipitèrent de toute la vitesse dont ils étaient capables en hennissant, du côté de leur *box*.... Il était temps! quand nous franchîmes au galop la porte de l'habitation que le dorouan, prévoyant notre retour rapide, avait tenue toute grande ouverte, on ne s'entendait plus parler; la voiture avait été deux ou trois fois soulevée de terre par la force du vent... Deux minutes de plus et nous étions surpris par la tempête qui éclatait dans toute sa furie. Fort heureusement que les vindicaras n'avaient point perdu la tête et étaient restés aux côtés de leurs bêtes, la main sur une des branches du mors.

A peine fûmes-nous rentrés, que nous vîmes avec plaisir que Chek-Metor avait fait prendre déjà toutes les précautions d'usage. Portes et fenêtres étaient barricadées par d'énormes barres de fer retenues par des anneaux scellés dans la muraille; la dernière barre s'abaissa après notre passage, il ne fallait laisser prise par aucune ouverture au vent qui, comme son nom l'indique — cyclone — parcourt avec rapidité, du Nord au Sud et de l'Est à l'Ouest, tous les points de la sphère.

La maison que nous habitions, avec ses murs d'un mètre cinquante d'épaisseur, défiait par sa masse tous les efforts de la tempête, mais si une seule porte eût cédé, c'en était fait de l'aménagement intérieur; tentures et ameublement, eussent été en un instant couverts d'eau et de boue que le vent ramassait dans le fleuve et lançait par nappe sur les maisons de Chandernagor. Le lendemain matin, nous trouvâmes la terrasse pleine à hauteur d'appui, de détritus et de fange.

De six heures du soir au lendemain sept heures du matin, l'ouragan continua à souffler avec une force indescriptible; rien ne saurait en Europe donner une idée, même affaiblie, de l'impétuosité des typhons asiatiques.

En 1864, 50,000 Indous furent noyés le long du Gange, de l'embouchure du fleuve à Calcutta seulement; l'ouragan avait éclaté avec une telle rapidité que personne n'avait eu le temps de se mettre à couvert. Les deux années qui suivirent, il se borna à ravager l'Océan et le golfe du Bengale, mais en 1867 le centre de son action se développa dans le rayon de Calcutta même et sur son parcours ne laissa pas debout une seule case indigène. Les malheureux Indous n'eurent d'autre ressource que de se coucher à plat ventre le long des chemins et des rizières, sans cela ils eussent été emportés dans les airs comme des tourbillons de feuilles mortes.

Un peu après le lever du soleil, le vent cessa tout d'un coup aussi rapidement qu'il s'était élevé. Pour nous, tout s'était bien passé, nous en étions quittes pour une nuit d'émotion; mais au dehors quel affligeant spectacle s'offrit à nos yeux! La ville était pleine de décombres et de malheureux Indous grelottaient demi-nus au milieu des ruines de leurs maisons; il ne restait pas une feuille de palmier pour abriter leur tête, et une cache (menue monnaie) pour acheter du riz.

On courut au plus pressé, et le conseil du

gouvernement se réunissant d'urgence, vota une somme de vingt-cinq mille francs pour fournir des aliments aux indigènes.

Le Gange avait repris son cours paisible, et ses flots qui se doraient sous les rayons du soleil, charriaient avec nonchalance des cadavres d'hommes et d'animaux, et des épaves d'embarcations brisées.

Le contraste de toutes ces misères, avec les épanouissements d'un ciel apaisé, dont pas un nuage ne troublait l'azur, faisait mal à voir ; la nature semblait par ses beautés du lendemain insulter aux ruines qu'elle avait faites la veille.

L'aya — femme de chambre — que j'avais emmenée de Pondichéry, pendant cette nuit néfaste s'était glissée sous la natte du salon, pour éviter les atteintes des mauvais esprits auxquels elle attribuait la tourmente, et il ne fut possible de la tirer de là, que longtemps après le rétablissement du calme. De Madras à la pointe du cap Comorin, l'action des cyclones ne se fait sentir que très-faiblement à terre, et jusqu'à présent les établissements français de la côte, n'ont jamais eu à subir de pareilles dévastations. La pauvre

Anniama s'imaginait que les temps de désolation prédits par les ouvrages sacrés des brahmes étaient arrivés, et que nous allions assister à la dixième incarnation de Vischnou luttant contre le terrible cheval Kalki.

Ceux de nos domestiques qui étaient mariés, ne couchaient pas à la maison, à moins que leur service ne l'exigeât; mais la veille aucun d'eux n'avait pu regagner sa demeure; aussi vîmes-nous arriver, dès que le temps le permit, une troupe de femmes, de vieillards et de jeunes enfants, toutes les familles enfin de ces pauvres gens, qui se trouvaient sans abri et sans nourriture. Je les fis loger dans les cases du dorouan et du totoucara, en attendant qu'on pût leur trouver un asile, et j'ordonnai au cuisinier de faire cuire du riz pour tout ce monde, qui n'avait rien mangé depuis près de vingt-quatre heures.

Grâce aux soins intelligents du chef de l'administration, M. Derussat, et du conseil du gouvernement, on put effacer rapidement toutes les traces de l'ouragan. Chaque Indien reçut en argent le prix intégral de sa maison démolie, et des vivres pour quinze jours, afin de lui donner le temps de la reconstruire; et, moyennant une centaine de mille francs dépensés rapidement et honnêtement, un mois après il n'y paraissait plus. La France continue dans l'Inde les traditions d'humanité qui sont l'honneur de sa civilisation. Dans les temps de sécheresse, elle suspend l'impôt foncier; une de ces terribles famines qui déciment le territoire anglais arrive-t-elle? elle achète du riz en quantité, le distribue à bas prix aux indigènes, et fait des avances dont elle ne poursuit jamais le remboursement contre ceux qui ne peuvent payer; aussi les six cent mille Indous, qui vivent en paix sous sa domination paternelle, offrent-ils, par leur aisance, leur bonne humeur, et leur attachement à notre drapeau, un contraste frappant avec les misères et les souffrances du territoire voisin.

Calcutta avait été encore plus éprouvé que nous. Au moment où le cyclone avait éclaté, toute la société cosmopolite assistait au théâtre aux débuts d'une troupe italienne, et du premier coup la toiture en zinc avait été enlevée et brisée dans les airs; on en retrouva un peu partout; un morceau entre autres s'était tordu autour d'une colonne du palais du vice-roi; on eût dit que la main d'un habile ouvrier l'avait placée là.

Sous l'impulsion du vent, le Gange s'élança de son lit, et envahit en quelques minutes les rues et les maisons; impossible de sortir et de se porter secours les uns aux autres. Chacun dut rester où il se trouvait, ou chercher un asile dans le premier lieu venu; les dames en grande toilette de bal, et leurs cavaliers en habit, durent passer cette nuit affreuse au théâtre, dans l'obscurité la plus complète, recevant à chaque instant par les charpentes à ciel ouvert, des tourbillons de gravier, et tremblant de minute en minute, d'être ensevelis sous la chute du monument.

Quinze cents personnes trouvèrent la mort cette nuit à Calcutta seulement; le nombre des Indous noyés dans la campagne fut de quinze mille environ. Tous les navires ancrés dans le port, excepté ceux des Messageries françaises dont le mouillage a été intelligemment placé à l'extrémité de la baie, reçurent de très-graves avaries.

Sur un parcours de plus de deux cents lieues

jusqu'aux environs de Benarès, tous les bateliers et voyageurs surpris sur le Gange, n'eurent pas le temps d'aborder, et furent ensevelis au milieu des flots.

Si notre habitation n'avait pas souffert, il n'en fut pas de même du jardin; les arbres, brisés par la violence du vent, avaient défoncé le mur en plusieurs endroits; lianes, fleurs, arbustes étaient broyés pêle-mêle, et des milliers de fruits, ananas, bananes, sapotilles, pommes, canelles, mangues, goyaves et letchis, gisaient au milieu d'un fouillis inextricable de branches amoncelées.

Deux mois après, grâce à la fertilité du sol, au climat et à la force de la végétation, tout était réparé pour la vue, mais nous fûmes pendant beaucoup plus de temps privés de fruits.

Lorsque l'époque de notre départ fut arrivée, nous n'avions plus à craindre le retour de pareils accidents; la mousson de nord-est était bien établie, une saison incomparable commençait au Bengale, et pendant de longs mois le Gange allait couler, en dormant comme un lac.

La température était chaude encore, mais

égale et sans humidité, ce qui est d'une importance majeure, pour un voyage à travers les plaines marécageuses des Saunderbounds, que nous allions traverser pour nous rendre à Dakka.

Deux chemins s'offraient à nous pour cette excursion : d'un côté nous pouvions gagner le cours principal du Gange par l'Hougly, nom de la branche du fleuve qui passe à Chandernagor, remonter par Malda jusqu'au vieux Gange et redescendre directement à Dakka. De l'autre, nous descendions l'Ougly jusqu'à la mer, passions en rangeant le plus près la côte, devant les vingt-cinq bras du grand fleuve, et remontions à Dakka par l'embouchure du Brahmapoutre, qui se confond avec celle du vieux Gange.

Dans un conseil tenu huit jours avant le départ, on décida que nous prendrions pour aller la voie de l'Océan et du Brahmapoutre, et rentrerions par celle du vieux Gange et de Malda. Ce fut là également qu'on me nomma, en plaisantant, historiographe du voyage; mais prenant mon rôle au sérieux, j'ai tenu mon journal régulièrement chaque soir, et c'est à cela que je dois de pouvoir offrir au lecteur ces souvenirs, écrits sans aucune prétention à la qualité d'écrivain. Je ne voulais pas les publier, mais je me suis imaginée que mon petit livre pourrait peut-être s'égarer dans la même bibliothèque *à côté des siens*, et cette pensée me rend heureuse pour l'époque où nous ne serons plus. J'étais dans le feu des préparatifs, lorsqu'un matin le docteur Margain, chirurgien de la marine, chef du service de santé de l'établissement de Chandernagor, se fit annoncer. Il venait m'apporter une petite boîte, avec une foule de petits paquets bien dosés, bien étiquetés, et que nous devions avaler, sans sourciller, aux premiers symptômes de fièvre des marais que nous viendrions à constater. Après quelques conseils d'hygiène que j'enregistrai précieusement, nous causâmes...

Les Indous disent dans leur poétique langage « que la visite d'un homme de bien est envoyée par les dieux. »

Jamais proverbe n'a mieux trouvé son application.

Le docteur Margain courait sur les rives de la soixantaine, et était dans l'Inde depuis trente-cinq ans

Arrivé comme chirurgien de seconde classe, il avait énergiquement refusé tout avancement, afin de conquérir le droit de rester au poste d'honneur qu'il s'était choisi, avait voué sa longue vie au soulagement des profondes misères qui de tous côtés attristaient ses regards, et à l'émancipation des castes indoues déshéritées.

Personne ici ne s'inquiète du paria, s'était-il dit, les indigènes le repoussent comme impur, les Européens craignent de perdre leur prestige auprès des hautes castes, en s'occupant de lui ; eh bien, je vais aller à ces pauvres victimes des intolérances du passé et des capitulations politiques du présent, et dans la mesure de mes forces j'adoucirai leurs souffrances ; je bâtirai des hôpitaux, je fonderai des écoles pour eux, je leur dirai qu'ils sont des hommes frères de tous les autres et non des êtres impurs, je les relèverai par la charité.

Et depuis trente-cinq ans à Mahé, à Ianaon, à Karikal, à Chandernagor, il consacrait tous ses appointements, le produit de ses quêtes incessantes à son œuvre de régénération, et cela sans ostentation, comme une âme simple, honnête et bonne à l'excès.

Sa maison était constamment pleine d'estropiés, de lépreux, d'incurables, qu'il ramassait le long des chemins et dont il adoucissait les derniers instants par ses soins; non content de cela, il exécutait leurs dernières volontés. Si infime que soit son rang social, ce que l'Indou craint le plus, c'est de mourir sans cérémonies funéraires; les pauvres parias sont privés de cette consolation suprême, suivant l'énergique dicton malabar :

« Le ventre des chacals est le cimetière des parias. »

Avec une touchante sollicitude, le docteur Margain les soustrayait à cette horrible fin, leur procurait un bûcher, et veillait à ce que leurs ossements fussent soustraits à la profanation des fauves.

Un jour un ami le surprend déjeunant avec du pain et de l'eau, et croit devoir lui faire des observations dans l'intérêt de sa santé; il se fâche et prétend qu'il ne connaît pas de nourriture plus hygiénique et plus saine. Quand on lui envoyait du vin, il le conservait pour ses malades. Il portait depuis des années un vêtement légendaire, qui, malgré les tours de force d'une vieille mulâtresse qui avait soin de son ménage, menaçait de lui fausser bientôt compagnie. Quelques dames se réunirent, et un beau matin il trouva chez lui un magnifique uniforme que le tailleur à la mode lui avait expédié de Calcutta. Prendre le chemin de fer et reporter l'habit au négociant fut l'affaire d'un instant; ce dernier répondit qu'il ne le connaissait pas, qu'il ne lui devait rien, et qu'il avait même oublié de lui remettre cent francs pour ses malades...

Ce tailleur était un homme de cœur, qui rendait aux pauvres la façon de son travail.

Le docteur comprit, et, quand il revint le soir, il nous disait les larmes aux yeux :

— Mesdames ! mesdames ! vous avez volé mes pauvres Indous.

Ces simples et touchants souvenirs ne peuvent jamais me revenir à la mémoire, sans que l'émotion ne gonfle mon cœur ; on ne peut pas croire que l'humanité doive finir dans la boue, quand on la voit produire de pareils dévouements.

Trente-cinq ans d'abnégation, de soins de tous les instants, de vie patiente au milieu des plaies les plus répugnantes, des affections les plus immondes et des malades aigris par la souffrance ! Il n'avait même pas d'aide la plupart du temps, car, quel est l'Indou qui aurait voulu toucher à des parias ? et les gens de cette caste qu'il prenait pour infirmiers, se dégoûtaient vite et préféraient retourner à leur vie crapuleuse et nomade.

Trente-cinq ans de privations, pour des êtres humains dégradés par une situation séculaire plus horrible que celle de la brute, incapables même de comprendre le mobile élevé qui faisait agir leur bienfaiteur : Voilà le bilan de cet homme de bien, de ce vieillard dont les ans n'ont pas abattu le courage, et qui est encore aujourd'hui sur la brèche.

Parlez de Margain à quiconque a habité le Bengale, et vous verrez que nul ne vous répondra sans émotion.

Le 28 décembre, au soir, nous descendions à Calcutta, et arrivions à l'habitation de nos amis, située presqu'à l'extrémité de la baie, à l'entrée de Garden-Rich.

Calcutta est une ville immense qui compte plus d'un million et demi d'habitants, dont sur ce nombre environ trente mille sont Européens. On a beaucoup écrit sur cette métropole de la puissance anglaise dans l'Inde, et si quelques traits manquent au tableau, je laisse à d'autres le soin de dépeindre convenablement cette vaste agglomération de marchands de tous les pays, dont l'ensemble n'est cependant pas sans grandeur. Sans vouloir décourager ceux qui nous prétendent aptes à tout, comme si ce n'était pas être *presque tout* que de s'appliquer, en bonne mère de famille, à faire de ses enfants des hommes honnêtes et de bons citoyens, et de soutenir ainsi la société par sa base..., j'avoue, pour ma part, ne rien entendre aux grandes choses de l'industrie; je n'essaierai donc pas de donner une idée du mouvement commercial de cette grande cité qui, avec son budget d'un demi-milliard, et les cinq ou six mille navires toujours à l'ancre dans son port, laisse loin derrière elle les villes antiques de Tyr et de Carthage.

La société de Calcutta est des plus mêlées, et il est tels et tels qui tiennent ici le haut du pavé, qui ne pourraient rentrer dans leur pays d'origine sans avoir à s'expliquer sur des désagréments judiciaires. Tout ce monde-là vit un peu de l'exploitation des Indous, et joue admirablement de la faillite comme moyen de s'enrichir. Combien n'en avons-nous pas vu venir à Chandernagor, où ils étaient en sûreté, étaler un luxe insolent, et offrir de là à leurs créanciers deux anas par roupie — 30 cent. pour 2 fr. 50 — que, de guerre lasse, ces derniers finissaient par accepter.

Au milieu de ce tourbillon d'affaires, d'existences fiévreuses et d'honorabilités douteuses, je me suis toujours trouvée mal à l'aise à Calcutta, préférant à toutes ses splendeurs le charme paisible et honnête de notre petite ville. Le soir, de cinq à six heures, lorsque les affaires sont terminées, le *strand* ou vaste promenade qui longe le Gange, offre un coup d'œil féerique. Tous les habitants du globe, depuis le Parsis du Gouzarate, l'Arabe de Mascate, l'Abyssinien et le nègre de Zanzibar, jusqu'aux indigènes de la Malaisie, aux Chinois et aux Tartares, semblent s'y être donné rendez-vous avec leurs costumes nationaux. Je ne parle pas de l'Europe, qui y est également représentée par ses diverses nationalités. Tout à coup les attelages se rangent devant un tourbillon de poussière, à travers lequel on distingue les lanciers basanés de la garde sikhe du vice-roi, suivis de la voiture de sa quasi-majesté, qui passe comme un éclair... Tout le monde salue, c'est le porte-drapeau de l'Angleterre.

Quand le soleil disparaît, le *strand* se vide, chacun rentre chez soi et achève la journée, au milieu d'un luxe dont les existences princières en Europe ne donnent pas même une idée.

Après avoir fait, avec nos amis, la promenade obligée, nous revînmes pour dîner et rentrâmes de bonne heure dans nos appartements, en nous souhaitant mutuellement bonne chance et beau temps pour le lendemain.

Au point du jour, le dingui, convenablement installé et bondé de provisions, amarré au bout du Garden-Rich, reçut ses passagers, et au commandement de Gopal-Chondor, quitta la berge et commença à descendre lentement le fleuve.

Les seize rameurs engagés étaient des indigènes de la côte de Coromandel, caste Macoua de Pondichéry, pêcheurs, et, comme tels, plus habitués que les bateliers du Gange à la navigation de l'Océan, que nous allions atteindre dans quatre ou cinq jours. Il eût fallu moins de temps certainement pour gagner le golfe du Bengale, mais nous ne voulions voyager ni de nuit, ni pendant les heures chaudes du jour.

En outre de leur équipage, M. et Mme Stevens emmenaient avec eux quatre domestiques, une aya ou femme de chambre, le dobachy, le meti ou valet de chambre et un cuisinier.

De notre côté nous avions avec nous mon aya, Anniama; notre dobachy, Check-Metor; un meti, caste des Bohis, du nom de Tchi-Naga, qui nous avait suivis du Carnatic, et un cuisinier.

En tout, équipage, patron, serviteurs et maîtres, vingt-cinq personnes. Au dernier moment nous nous étions décidés à laisser à Chandernagor le Nubien, sans lequel mon mari n'avait fait aucune excursion de quelque importance jusqu'à ce jour; nous craignions, avec juste raison, que, ne pouvant nous rendre aucun service à bord, où il n'aurait rien trouvé à diriger pendant le cours de cette longue navigation, il ne se laissât aller à ses goûts invétérés de boisson et ne nous causât de graves embarras. Pour adoucir son chagrin, nous lui représentâmes la nécessité où nous étions de laisser à la maison un autre nous-mêmes, pour commander aux domestiques, veiller à ce que les chevaux fussent bien soignés, le jardin bien entretenu, et il se résigna sans trop de peine. Il est inutile de dire que le brave garçon fut seul à se prendre au sérieux, et que notre habitation fut en réalité confiée à un de nos amis, qui vint y demeurer pendant notre absence.

Le dingui de M. Stevens, était bien aménagé et construit pour prendre la mer. D'une longueur d'environ dix-huit mètres sur sept de large, il portait à l'arrière un roufle en planches de teck, dans lequel on avait trouvé le moyen de faire un magnifique salon qui, occupant d'abord toute la largeur du bateau, avait été divisé en cabines à son extrémité. Une fois les tentures des portes baissées, nous étions là parfaitement chez nous.

Il était mâté en côtre, et pouvait porter deux

voiles triangulaires. Entre le salon et le mât, qui s'élevait aux deux tiers du petit navire, se trouvait la roue du gouvernail, tenue en ce moment par Gopal-Chondor, qui devait la garder jusqu'à notre sortie du fleuve, car lui seul était capable de nous faire éviter les nombreux steamers et remorqueurs, qui n'allaient pas tarder à sillonner le Gange en tous sens. L'avant était abandonné aux macouas et à nos serviteurs. Les deux ayas avaient seules l'entrée du salon.

La navigation de ce fleuve, de Calcutta à la mer, est tellement délicate pour les navires de haut bord, qu'il a été longtemps question de creuser un port sur un autre bras moins capricieux, et d'y transporter la ville commerçante ; peut-être aussi ne fût-ce qu'un de ces honnêtes coups de Bourse si communs depuis quelques années dans la capitale du Bengale. Les actions, émises à cent livres, ne valent aujourd'hui que le poids du papier. Un corps important de pilotes, avec de nombreux remorqueurs, remonte et descend les navires, et est responsable des accidents. Il est impossible de se passer du secours de ces hommes expérimentés pour tous les bateaux d'un fort tirant d'eau et qui ne peuvent naviguer à l'aviron; car le lit du fleuve, entièrement composé de vases qui se déplacent sans cesse, exige des sondages constants pour qu'on puisse indiquer la route à suivre. Une centaine d'élèves pilotes disséminés sur le fleuve, indiquent, d'heure en heure, par le télégraphe, les variations de fond qui se produisent, et tous les jours la carte du Gange est dressée à nouveau.

Notre modeste dingui n'avait nul besoin d'un *master* et le cercar Gopal-Chondor était parfaitement apte à nous conduire, ayant été pendant de longues années, *patron* à bord d'une embarcation de sondage.

En quittant le quai d'amarrage, le cercar se mit à entonner une chanson malabare, à laquelle les macouas répondirent, selon leur habitude, par des exclamations, qui leur servent à régler la cadence des avirons.

En voici quelques couplets :

LE CERCAR.

Où courez-vous, filles d'Arouné, qui vous a donné ces beaux moucoutys d'or? — (Bijoux qui se placent au coin de la lèvre supérieure.)

LES MACOUAS.

Oh! oh! ké! hé!
Oh! eh! ka! ha!

LE CERCAR.

Les filles d'Arouné sont belles et leurs yeux font des blessures plus terribles que celles des flèches.

LES MACOUAS.

Eh! ha! ké! ho!
Ké! ha! oh! hé!

LE CERCAR.

Les filles d'Arouné ont la couleur des fleurs de grenades, leurs yeux guérissent les blessures qu'ils ont faites, les flèches ne guérissent pas les leurs.

LES MACOUAS.

Ha! eh! ké! ha!
Oh! ké! ha! hé!

LE CERCAR.

Quand elles se baignent dans les ruisseaux clairs, les fleurs de lotus s'épanouissent, et les esprits des eaux s'arrêtent pour les regarder folâtrer.

LES MACOUAS.

Ha! eh! oh! ka!
Hé! ha! ké! ho!

LE CERCAR.

Leur démarche est gracieuse comme celle du jeune

éléphant, leurs lèvres ressemblent à deux morceaux de corail.

LES MACOUAS.

Ha! ké! oh! hé!
Oh! ké! oh! ha!

LE CERCAR.

Où allez-vous, filles d'Arouné? Ne craignez-vous pas de briser votre taille légère en courant si vite?... etc...

Ils chantent ainsi des journées entières, entremêlant les couplets et leurs exclamations. Lorsque le cercar est fatigué, le plus âgé de la bande marque la mesure, et continue les couplets.

Nous voguions depuis près d'une heure, tous les monuments de la grande ville avaient peu à peu disparu dans le vague de l'horizon, lorsque nous aperçûmes les premiers remorqueurs qui, partis la veille de Sogor à l'embouchure du Gange, avaient jeté l'ancre à la nuit, et continuaient maintenant leur route sur Calcutta; nous quittâmes le milieu de l'eau pour ne pas nous trouver sur leur passage, et nous nous dirigeâmes sur la rive droite du fleuve, que nous allions côtoyer jusqu'à l'Océan.

Arrivés à quelque distance de la berge, nous aperçûmes une demi-douzaine de vautours, qui s'acharnaient sur un cadavre que le remous avait engagé dans les hautes herbes: notre présence ne parut pas les effrayer, car après avoir levé la tête pour nous regarder passer, voyant que nous ne nous dirigions pas de leur côté, ils continuèrent leur sinistre besogne. Tout à coup, un énorme gypaète, qui depuis quelques instants tournoyait dans les airs, fondit sur eux avec une rapidité extraordinaire, et une lutte acharnée s'engagea entre ces oiseaux immondes, pour la possession de leur ignoble nourriture; malgré leur nombre, les vautours furent obligés de céder à la force de leur ennemi, qui, en quelques coups de bec, en avait mis plusieurs hors de combat.

La rencontre d'un cadavre sur le Gange est chose si fréquente qu'on finit par ne plus s'étonner de ce triste spectacle.

Ce fleuve est le cimetière brahmanique. Les Indous s'imaginent que ses eaux sacrées ont reçu de Vischnou, deuxième personne de leur triade religieuse, la propriété d'effacer toutes les souillures de celui qui meurt sur ses bords et dont les restes, au sortir du bûcher, sont jetés dans son sein. Les pauvres gens qui n'ont pas le moyen d'avoir assez de bois consacré, car il n'y a qu'un certain nombre d'arbres qui peuvent fournir celui du bûcher, se contentent de brûler quelques menus fagots sous la dépouille mortelle de leurs parents, et jettent ensuite les corps dans le Gange. Mais bien peu s'en vont jusqu'à la mer : les uns sont saisis au passage par les oiseaux de proie, qui se laissent dériver au fil de l'eau en les dévorant ; les autres, repoussés sur le rivage par les flots, sont entraînés dans la jungle par les chacals et les hyènes qui, en moins de rien, les ont fait disparaître.

Rien n'est lugubre comme ces cérémonies funéraires qui n'ont lieu que de nuit. Je me souviendrai toujours d'une visite que nous fîmes à Chandernagor, au Gath des morts, lieu où les Indous de la ville transportent leurs mourants et brûlent leurs cadavres.

Malgré des observations assez justes sur les dangers d'une course de nuit pendant près de deux milles, à travers les marécages qui bordent le fleuve, je persistai à vouloir accompagner la petite caravane. Tout le monde était bien armé, et pour surcroît de précaution, un de nos amis emmena un de ces lévriers de grande taille dont on se sert pour la chasse de la panthère, et qui fut avec deux domestiques spécialement attaché à ma personne. Fedor, c'était son nom, d'un seul coup de ses puissantes mâchoires brisait les reins aux chacals et même aux hyènes qui se laissaient atteindre par lui.

Nous partîmes sur les onze heures du soir, le temps était sombre et pluvieux, et on ne voyait guère où placer les pas. Arrivés à l'extrémité de la ville, nous nous engageâmes dans un petit sentier sur les bords du Gange dont les flots, grossis par la saison d'hivernage qui venait de finir, battaient le rivage en mugissant et, parfois même, nous envoyaient leur écume jusque sur le visage. Des troupeaux de chacals que nous dérangions dans leurs sinistres recherches, s'enfuyaient en hurlant dans les broussailles, et, malgré moi, je pressais dans ma main, comme pour me donner de l'assurance, un petit revolver joujou dont on avait voulu m'armer, mais

3.

dont j'eusse été, je l'avoue, fort empruntée de me servir. Un vent tiède qui soufflait de l'ouest et passait directement sur la brûlerie, nous envoyait des odeurs nauséabondes de chairs grillées qui soulevaient le cœur, et faisaient le désespoir de nos domestiques indous, dont les croyances religieuses attachaient à ces émanations de telles idées de souillures, que plusieurs journées d'ablutions, allaient à peine suffire à les effacer.

Quand nous arrivâmes au Gath des morts, une vingtaine de bûchers illuminaient la jungle et le fleuve, et sur les escaliers du monument, composé de quatre colonnes reliées par un couronnement unique, cinq ou six mourants râlaient, attendant leur tour.

Mourir en face du Gange, est le suprême espoir des Indous. Par ce moyen, ils évitent toute transmigration nouvelle, et montent directement au séjour de Brahma.

Les primitifs Indous possédèrent des croyances d'une grande pureté, basées sur l'unité de l'Être suprême et la liberté humaine, et comme conséquence le mérite et le démérite entraînaient la récompense ou le châtiment. Leurs livres sacrés respirent une morale élevée que ne repousserait aucun des cultes qui se partagent le monde civilisé. Leurs cérémonies funéraires étaient des plus simples : le fils aîné en était l'officiant, et ses prières ouvraient à ses parents le lieu de félicité, demeure des hommes justes. Il n'y a guère aujourd'hui que les brahmes qui aient conservé la tradition ancienne. Toutes les castes rivalisent entre elles de superstition, et les plus absurdes, sont celles qui séduisent le mieux la foule.

Pendant que notre dingui flotte paisiblement sur le Gange, et puisque je suis en train de rappeler un de mes souvenirs, je vais donner au lecteur quelques détails préliminaires, qui lui permettront de suivre avec fruit, les cérémonies étranges, dont nous fûmes témoins au Gath des morts.

Dès que le mestri — médecin indigène — a déclaré qu'un malade approche de sa fin, on choisit une place sous la verandah de la maison, que l'on enduit de fiente de vache, on place pardessus un lit de l'herbe sacrée du *Cousa*, et, ceci fait, on transporte le mourant sur cette couche singulière, après lui avoir ceint les hanches d'une toile qui n'a jamais servi. Le pourohita, ou prêtre officiant du culte vulgaire, s'approche alors, assisté du fils aîné du malade et, à son défaut, de celui qui va hériter du titre de chef de la famille, et il procède à la purification suprême. S'étant fait apporter dans une coupe, de l'eau lustrale, et sur un plat un peu de riz cuit avec du safran, il fait l'imposition des mains sur ces deux objets en récitant les prières d'usage; puis il verse un peu de cette eau dans la bouche du mourant, après lui avoir introduit quelques grains de riz, et répand le tout sur son corps; lui recommandant alors de réciter la prière des agonisants, ou de s'unir à lui d'intention s'il est incapable de prononcer une parole; il lui passe avec un peu de coton, sur le front, les tempes, les narines, les oreilles, les yeux et les lèvres, un peu d'huile qu'il a apportée de la pagode, et qui a servi déjà à oindre les statues des dieux.

Cette cérémonie a pour but d'enlever tous les péchés du patient, qui n'ont pas un trop grand caractère de gravité. Dès qu'elle est achevée, on amène une jeune génisse dont on a doré les cornes et garni le corps de fleurs consacrées ; on la fait approcher du malade qui la prend par la queue, pendant que le pourohita prononce un *mentram* ou invocation, dans laquelle la bête aimée de Vischnou, est priée de vouloir bien conduire sans encombre, et par le meilleur chemin, l'âme du mourant dans l'autre monde.

A ce moment le malade doit faire un signe indiquant qu'il fait présent de la génisse au pourohita. Il est de toute nécessité de faire ce cadeau au prêtre officiant, si l'on veut traverser sans danger le Yama-Loca ou séjour du juge des enfers Yama.

Dans ce lieu se trouve un vaste fleuve de feu, que les âmes des morts doivent passer avant d'atteindre le séjour de délices. Tous ceux qui, à leurs derniers instants, ont fait le présent de la vache, trouvent sur les rives du fleuve un animal de la même espèce, que Vischnou leur envoie pour les aider à atteindre la rive opposée.

A ce moment, on fait de nombreux présents à tous les membres de la caste sacerdotale qui assistent à la cérémonie, et d'abondantes distributions de vivres aux mendiants, qui ne manquent jamais de s'attrouper autour de la maison.

On jette aussi quelques boulettes de riz aux corbeaux qui, dans certaines parties de l'Inde, garnissent les terrasses de presque toutes les maisons, afin que si d'aventure un malin esprit s'était glissé dans le corps de l'un d'eux, ses maléfices fussent conjurés par ce présent.

Ces cérémonies terminées, le *mestri* est de nouveau appelé et si, après un nouvel examen du malade, il déclare que toute science humaine ne saurait le sauver, on n'hésite plus à le transporter sur les bords du Gange.

Avec deux perches en bois de teck et sept tringles en bois de sandal, on construit un brancard sur lequel le mourant est étendu. Le pourohita, ou chef des funérailles, assisté du fils aîné ou d'un parent, donne le signal du départ. Ils prennent tous deux la tête du convoi, en portant un vase rempli de braise rouge, qui devra être entretenue jusqu'à la mort du patient, et qui servira à son bûcher.

C'est le feu domestique que la femme du mourant a allumé le jour de son mariage, et qui ne doit s'éteindre qu'à sa mort.

L'érudition n'est point mon lot; il me semble que je puis cependant, sans trop m'engager sur ce terrain glissant, émettre l'opinion que notre vieille expression indo-européenne : *Allumer le flambeau* de l'hyménée, ne tire pas son origine d'une comparaison abstraite avec le feu idéal qu'allume l'amour, mais bien de la vieille coutume indoue, qui oblige la femme, en entrant dans la maison de son mari, à allumer le feu domestique qui va servir aux sacrifices journaliers, à la cuisson des aliments, et ne doit s'éteindre qu'à la mort de la femme qui a la charge de le conserver.

Aussi dans l'Inde cette expression si commune : « Hélas! hélas! tout son bonheur s'en est allé depuis qu'il a vu s'éteindre son feu domestique, » annonce-t-elle la mort d'une épouse.

Comme cette autre : « Pour la seconde fois, le feu domestique vient d'être allumé dans sa maison, » se dit d'un veuf qui se remarie...

Après le pourohita et les parents, vient le brancard orné de fleurs, de feuillage, de toiles peintes et d'étoffes précieuses sur lequel est étendu le malade, qui est porté par six serviteurs de la même caste. Au moment du départ, les femmes qui restent à la maison font retentir l'air de leurs gémissements ; les riches Indous louent même, à cet effet, des pleureuses à gages qui, au milieu d'un vacarme effroyable, font mine de s'arracher les cheveux et de se meurtrir la poitrine. Dans certaines castes du sud du Dekkan, elles accompagnent le mourant jusqu'au moment où il a rendu le dernier soupir; elles poussent alors des cris sauvages, déchirent leurs vêtements et se livrent aux plus dégoûtantes contorsions, pour effrayer les gnômes, vampires et autres suppôts du diable, dont la mission est d'enlever les âmes des morts, avant que les génies protecteurs aient eu le temps de les emmener au swarga, — cieux.

En se rendant au Gath où le malade doit rendre le dernier soupir, les yeux fixés sur le feu sacré, qui va laver toutes les souillures que les prières et les cérémonies précédentes n'ont pu enlever, le cortége doit s'arrêter trois fois. A chaque pose, le pourohita demande au mourant s'il n'a rien oublié à la maison qu'il veuille emporter au bûcher; puis, s'adressant aux dieux infernaux, il leur récite cette prière :

O dieux, qui veillez aux transmigrations des hommes, dites, ne vous êtes-vous pas trompés dans votre choix?

Si vos noirs émissaires ont injustement frappé cet homme, si ce n'est pas à son tour de comparaître devant le tribunal de Yama;

Pendant qu'il en est temps encore, faites-nous connaître votre volonté.

Si ce n'est pas pour le transporter dans un des quatre séjours de béatitude;

Si ce n'est pas pour lui faire goûter la délicieuse amrita (ambroisie) qui s'échappe du sein de la vache Kamenou;

Si ce n'est pas pour lui faire entendre sur les bords du Mandagny les doux sons du vounei et du kanhora (lyre et tambour indous);

N'abrége pas ses jours et, pendant qu'il en est temps encore, fais-nous connaître ta volonté.

S'il doit subir encore mille et mille transformations, s'il doit descendre au naraca (enfer) où l'on n'entend que des gémissements et des cris affreux;

Si de métamorphose en métamorphose il doit passer de nouveau dans le corps des animaux impurs;

Ne le frappe pas dans le mal, donne-lui le temps d'expier ses fautes.

Fais-nous connaître ta volonté par un heureux présage, ou toute autre manifestation de ta puissance, pendant qu'il en est temps encore.

Lorsque le pourohita a fini cette invocation, il regarde de tous côtés si le présage attendu ne paraît pas ; le moindre signe néfaste, la présence d'un paria, un milan gris qui passe au-dessus du convoi, la rencontre d'un taureau noir, et mille autres niaiseries de ce genre, suffisent pour interrompre la cérémonie. On ramène alors le mourant chez lui, ce qui est une bonne fortune pour le malheureux ; car, quoique condamné par le mestri, il arrive assez souvent que les pauvres diables ainsi reconduits dans leur demeure, recouvrent la force et la santé. Comme on le voit, c'est un peu par tous les pays que les incurables résistent aux décrets de la Faculté.

Si rien ne paraît, le convoi reprend sa marche et le moribond n'a plus l'espoir d'échapper au sort qui l'attend.

Arrivés au Gath, sorte de construction montée sur quatre colonnes, ouverte à tous les vents et se terminant par un escalier monumental qui descend au Gange, le pourohita et les parents installent le moribond sur un des gradins et vont s'accroupir à quelques pas de là dans les herbes, où ils attendent, en mâchant leur betel, qu'il ait rendu le dernier soupir.

S'il les fait trop attendre, le pourohita est chargé d'abréger le dernier acte.

Une prescription du culte vulgaire, ordonne de boucher les narines, les yeux, la bouche, toutes les ouvertures du corps du mourant au moment de l'agonie, avec de la boue du fleuve sacré, afin qu'un malin démon, rôdant par aventure, ne vienne pas s'introduire dans le corps.

Dès que l'officiant juge que la fin est prochaine, il procède immédiatement à cette opération, qui généralement est le coup de grâce du malade.

Parfois cependant la fraîcheur de l'eau opérant comme réactif, et un dernier instinct de conservation centuplant les forces de la victime, une lutte épouvantable s'engage entre cette dernière et son sinistre bourreau, qui alors appelle les parents à son aide, pour pouvoir terminer son affreuse besogne.

A ce moment-là, coûte que coûte, le patient doit mourir condamné par le préjugé religieux.

Dès qu'un individu a été ainsi étendu sur les

escaliers du Gath des morts, il ne compte plus ni dans sa famille, ni dans sa caste, il est mort pour tout le monde, et si, ce qui arrive rarement il est vrai, mais ce qui arrive, il parvient à s'enfuir et à guérir tant bien que mal, le malheureux n'a garde de rentrer chez lui, d'où il serait infailliblement chassé avec plus de rigueur encore qu'un paria. Il devient un tchandala, c'est-à-dire un homme sans caste.

Dans ce cas-là, les uns prétendent que le pourohita, n'ayant pas agi avec assez de diligence dans l'opération suprême, un vampire ou tout autre génie malfaisant s'est emparé du cadavre au moment même où l'âme le quittait; d'autres disent que le mourant est revenu à la vie, et s'est sauvé parce que les dieux, en raison de quelques crimes cachés épouvantables, n'ont pas voulu qu'il meure en face des eaux purifiantes du Gange, qui lui eussent procuré l'entrée immédiate du swarga.

Dans l'une ou l'autre de ces hypothèses la succession du misérable est ouverte, sa femme est déclarée veuve comme s'il était mort réellement, les parias eux-mêmes le repoussent de leur compagnie; il tombe au rang des animaux immondes et n'a d'autre ressource que de s'enfuir dans la jungle, et d'y vivre de racines, de fruits, de lézards et d'ignames, jusqu'au jour où il devient lui-même la proie des fauves.

Un soir que nous venions de nous promener dans une forêt qui fait face à Chandernagor, de l'autre côté du Gange, la nuit nous surprit un peu avant d'arriver à l'embarcation du passeur, qui nous attendait pour nous faire traverser le fleuve.

Une ombre se dressa tout à coup devant nous. Je ne pus retenir un cri d'effroi.

— Salam, pundit-saëb; — salut seigneur, de la justice, — dit d'une voix faible, un pauvre diable qui ressemblait plutôt à un squelette qu'à un être animé.

— Qui es-tu? lui demanda mon mari.

— Haram-Chondor! nour check Chondor Toullah. — Haram-Chondor, fils de check Chondor Toullah.

En entendant ce nom, notre cœur se serra; c'était celui d'un riche babou — négociant — du pays français qui avait échappé, quelques mois auparavant, à ses propres funérailles, dans des circonstances étranges.

Un matin il fut trouvé évanoui dans son lit. Il n'y a pas un instant à perdre, dit le mestri que la famille avait fait appeler, si vous voulez qu'il rende le dernier soupir sur les rives du fleuve sacré. Bien qu'il parût mort, on le porta à tout hasard sur le Gath, et la nuit venue on le plaça sur le bûcher; aux premières atteintes de la flamme le malheureux poussa un grand cri, et s'élançant hors de la grille sur laquelle il était étendu, il passa en courant devant les assistants ébahis, et se réfugia au milieu des hautes herbes.

Il était simplement en léthargie, et le feu avait dissipé comme par enchantement son engourdissement.

Imbu lui-même de tous les préjugés de sa race, il n'avait plus reparu dans sa demeure; il se savait maudit, et n'avait pas fait la moindre tentative pour recouvrer sa fortune et son rang.

Comme nous allions continuer notre route, il nous dit d'une voix plaintive :

— Moun rouba-do, donnez-moi une roupie.

Nous lui donnâmes immédiatement tout ce que nous avions sur nous, et nous nous retirâmes émus jusqu'aux larmes, par le spectacle d'une pareille misère.

Cet homme qui couchait en ce moment dans la vase des bords du Gange, avait possédé des millions.

Le plus souvent tout se passe comme je viens de le raconter, c'est-à-dire que le mort va régulièrement du Gath au bûcher, et du bûcher au Gange, et son âme monte au séjour céleste emportée par les génies protecteurs du foyer domestique.

Pendant que je suis sur ce sujet, je vais essayer de présenter un aperçu de l'idée que les Indous du culte vulgaire se font de leur séjour de béatitude; cela donnera la clef de bien des cérémonies, superstitions et coutumes que nous rencontrerons sur notre chemin, et qui m'obligeraient à couper sans cesse mon récit, par de continuelles explications.

Je ne m'occuperai pas des spéculations élevées de la philosophie religieuse des Indous sur la vie future, spéculations qui, naturalistes pures ou spiritualistes, résument, d'après l'opinion de Cousin, toutes les croyances philosophiques du monde; de pareilles matières ne sont pas du ressort de mes modestes connaissances. Je veux me borner à dire ce que je sais des croyances vulgaires actuelles.

Les séjours de béatitude des Indous sont au nombre de quatre :

Le Swarga.

Le Veikonta.

Le Keilassa.

Et le Sattia loca.

Le Swarga est le paradis d'Indra.

Le Keilassa, celui de Siva.

Le Veikonta, celui de Vischnou.

Le Sattia loca, celui de Brahma.

Les Indous, pour nous donner une idée de ces riants asiles, représentent le mont Mérou, sur les flancs duquel ils sont situés, comme ayant la forme d'un cône contourné en coquille de limaçon, et divisé par étages. Au premier étage, du côté du Nord, est le paradis d'Indra, à gauche,, du côté d el'Est, et un peu plus haut, le paradis de Siva, encore un étage plus haut, du côté du Sud, le paradis de Vischnou, enfin, sur la cime de la montagne, le paradis de Brahma. Le Swarga est habité par les dieux du second rang, le palais d'Indra, leur chef, est au centre, l'or et les pierreries y brillent de toutes parts.

Il y a aussi un palais d'une égale magnificence, pour la déesse épouse d'Indra.

C'est dans le jardin de ce dieu, que se trouvent le fameux arbre kalpa, qui porte des fruits d'or dont l'intérieur est exquis, et la vache Kamenou, qui donne l'ambroisie, nourriture habituelle des dieux.

Cet arbre rare et cette vache miraculeuse, sont gardés par des monstres à tête de crocodile pourvus d'ailes, qui mettent en pièces sans pitié tous ceux qui tentent de s'en approcher. Les ballades héroïques des Indous, sont pleines de récits de combats que des guerriers célèbres auraient livrés à ces monstres. N'est-ce pas là l'origine de la fable grecque du jardin des Hespérides ?

Le Swarga renferme encore beaucoup d'autres arbres. Les eaux limpides de plusieurs fleuves y serpentent en tous sens. Le principal de ces fleuves est le Mandagny. La vue des habitants de cet heureux séjour, est récréée par les mouvements cadencés et voluptueux d'une foule de danseuses, et les doux sons du Vounei et du Kanhora, que les Gandharbas ou musiciens célestes marient aux accents de leurs voix mélodieuses, y charment sans cesse leurs oreilles. D'innombrables bayadères sont toujours prêtes à adoucir les maux qu'elles causent. Enfin, chose bizarre, deux médecins du nom de Chonata et Koumara veillent à la santé générale, et le sage Vrihaspati enseigne dans ce lieu les sciences célestes. Les sept sages de l'Inde, dont les noms sont : Atri, Angiras, Cratou, Poulastya, Poulaha, Marichi, Vasichta, ainsi qu'une infinité de grands personnages, y sont les commensaux habituels d'Indra. L'entrée de ce paradis est accordée à toutes les personnes vertueuses sans acception de rang ni de caste, qui sont parvenues sur la terre au degré de sainteté requis.

Au-dessus du Swarga, est une ville construite sur un plan triangulaire ; elle se nomme Keilassa ou Parvadypoli, ville de Parvady.

C'est un lieu charmant, résidence de Siva et de sa femme Parvady, qui y vivent dans une union constante, symbole de l'immortelle fécondité de la nature. Près d'eux habitent Ganèsa et Cartica, leurs deux fils. Ganèsa étudie les astres et vit dans la contemplation des merveilles de la nature. Cartica n'aime que les armes et la guerre.

La cour de Siva est composée d'une série de génies dont les chefs sont Norudy-Bringux-Birma et Kadourguy, sortes de monstres épouvantables qui sont préposés à la garde de la ville céleste. On les représente toujours nus et en état d'ivresse, sans cesse en querelles et en combats.

Le bonheur du Keilassa consiste dans la satisfaction de tous les vices, et de toutes les plus honteuses passions, qui deviennent des actes méritoires. Il est exclusivement destiné aux adorateurs de Siva, et aux mystérieux adeptes des sombres débauches du culte du Lingam.

Le Veikonta ou séjour agréable, est le paradis de Vischnou; il est situé au-dessus du Keilassa, dans un site charmant; l'or et toutes sortes d'objets précieux y brillent de tous côtés.

Au centre de ce séjour enchanteur, s'élève un superbe palais habité par Vischnou, sa femme Lackmy, et leurs nombreux enfants. Ces lieux sont pleins de fleurs, d'arbres, de fruits délicieux, d'aisances de toutes espèces, et surtout de paons qui sont spécialement consacrés à Vischnou.

Au pied de l'habitation du dieu, coule le fleuve Karona. Tous les pénitents anachorètes et saints personnages qui, pendant le cours de leur vie, se sont distingués par leur culte pour la deuxième personne de la Triade, Brahma-Vischnou-Siva, sont reçus sur ses bords et y coulent des jours heureux et paisibles. Des fruits et quelques racines qui croissent spontanément composent toute leur nourriture; leurs loisirs sont partagés entre la lecture des Vedas et la contemplation.

Le Sattia-loca — séjour de la vertu — est le dernier et le plus élevé des lieux de béatitude. C'est le paradis qu'habite Brahma avec sa femme Brahmy ou Sarasvatty. Le Gange arrose cet asile divin et laisse ensuite ses eaux s'écouler sur la terre. C'est à cette origine que le fleuve sacré doit ses vertus purifiantes.

Ce lieu de délices n'est ouvert qu'aux seuls brahmes qui, par la pratique de toutes les vertus sur la terre, et les expiations les plus méritoires, ont atteint le degré de sainteté nécessaire pour y être admis.

Les personnes de toute autre caste, malgré la pureté de leur vie, le nombre et la qualité de leurs bonnes œuvres, en sont irrévocablement exclues.

Mais il n'est rien moins que facile d'escalader un de ces paradis. Toute âme doit se rendre devant le tribunal de Yama, juge des morts et roi des enfers, qui profite de la moindre souillure pour ne point la laisser passer, et la plonger dans le Naraca (enfer). Ses émissaires, répandus dans le monde entier, épient l'instant où les hommes meurent pour s'emparer d'eux. Yama consulte les registres, tenus par les *écrivains funéraires*, de tout le bien et de tout le mal qui se fait sur la terre, et prononce des châtiments proportionnés au péché. Mais il n'est point le seul à entretenir des émissaires sur la terre. Vischnou et Siva ont aussi les leurs, dont la mission est de tenir une liste exacte de tous les dévots qui se rangent sous la bannière de ces dieux, et de les arracher à l'heure de la mort aux affiliés de Yama.

Il résulte de ce conflit entre les émissaires des différents dieux d'assez vives disputes, et parfois des batailles sanglantes, auxquelles les maîtres viennent prendre part, et voilà tout l'Olympe indou sens dessus dessous, jusqu'au moment où l'Eternel Brahma, *aïeul de tous les êtres, père des dieux et des hommes*, selon l'expression des livres sacrés, fronçant le sourcil, se penche au sommet du mont Mérou, et lance sa foudre à droite et à gauche pour séparer les combattants.

Lorsqu'un convoi funéraire est surpris par un orage, tous les assistants s'accroupissent sur le chemin, et se voilent la figure à l'aide d'un pan de leur pagne ; ils sont persuadés qu'un combat terrible se livre dans les airs pour la possession de l'âme du défunt qu'ils conduisent au bûcher. Ils ne reprennent leur marche que quand le ciel a recouvré son calme.

Les récits qu'aux veillées les rapsodes indous font sur le Naraca, plongent les assistants dans des terreurs étranges ; tout ce que l'imagination la plus vagabonde peut inventer de supplices se rencontre dans l'enfer brahmanique.

La durée des peines du Naraca n'est pas déterminée, elle est proportionnée à la gravité des fautes. Les prêtres indous n'admettent pas de peines éternelles. A la fin de chaque *âge*, disent-ils, il s'opère une révolution générale, un changement dans la nature. Lorsque le caly-youga, ou âge de fer, dans lequel le monde se meut maintenant, sera parvenu au terme qui lui est assigné, toutes les âmes iront se réunir à la *divine essence* dont elles avaient été détachées, et, le monde finissant, les peines des damnés finiront aussi.

Lorsque les âmes que Yama renvoie au Naraca, ont fini d'y expier leurs péchés, elles sont renvoyées sur la terre pour y réaliser de nouvelles transmigrations. Leur rentrée dans le monde a toujours lieu par l'embryon vital le plus imparfait. De métamorphoses en métamorphoses, elles passent du règne végétal dans le règne animal, parcourent toute la série des êtres animés jusqu'à l'homme, et si, dans cette seconde période de transformations, elles peuvent parvenir à la somme de perfection nécessaire, elles vont pour toujours s'absorber dans le sein du grand Être, âme universelle du monde, et reçoivent leur destination, dans un des quatre cieux dont je viens de parler.

Le Gange, comme issu du séjour de Brahma, a la propriété de purifier toutes les souillures. Celui qui meurt sur ses bords n'a plus à craindre aucune transformation; son âme s'élève immédiatement vers l'éternel séjour. Ainsi se trouve expliquée cette coutume bizarre des Indous, de porter les mourants sur les rives du fleuve, et d'y précipiter ensuite leurs dépouilles; il s'agit non-seulement d'éviter l'enfer, mais encore d'échapper à de nouvelles transmigrations.

Ceci nous ramène tout naturellement à notre excursion au Gath des morts de Chandernagor.

J'ai dit qu'à notre arrivée, une foule de bûchers flambaient le long du fleuve, et que, sur les escaliers du Gath, une demi-douzaine d'Indous des deux sexes étaient sur le point de rendre l'âme.

Un peu en avant du monument, se trouvait une espèce de terrasse, adossée par un de ses côtés aux escaliers du Gath qu'elle dominait; ce fut là que nous nous plaçâmes pour observer l'étrange spectacle que nous avions sous les yeux.

En face de nous, suivant le cours supérieur du fleuve, les bûchers en activité éclairaient de leurs lueurs sinistres les pandarons ou ouvriers des morts occupés à en construire d'autres; parfois, lorsque la flamme plus claire parvenait à chasser la fumée, nous apercevions assez distinctement les cadavres qu'elle était en train de consumer, puis la flamme cédait de nouveau à la fumée pour triompher encore quelques instants après. Ce mouvement de va-et-vient, produit par le souffle intermittent de la brise d'ouest, qui découvrait et cachait alternativement les corps en combustion, avait quelque chose de fantastique, et transportait l'imagination dans les mondes imaginaires, peuplés de démons et de vampires, de la superstition religieuse des Indous.

Tout autour, dans la jungle qui commençait à cent pas de là, et sur les rives marécageuses du Gange, des milliers de chacals et d'animaux immondes attirés par l'odeur des bûchers, et l'espoir de la curée, faisaient entendre leurs hurlements lugubres; parfois je percevais avec un frisson involontaire que je ne pouvais vaincre, le bruit sourd de leurs pas dans la vase, où ils allaient chercher quelque os mal rongé la veille...

A une faible distance du Gath, plusieurs groupes d'Indous, accroupis dans l'herbe humide, attendaient que leurs parents qui râlaient sur les gradins eussent rendu le dernier soupir... Je ne crois pas m'être trouvée une seconde fois, dans ma vie aux Indes, dans une aussi lugubre situation.

A un moment donné, les hurlements des chacals devinrent si étourdissants, que mes compagnons me demandèrent la permission de faire un tour dans les broussailles, pour leur envoyer un peu de plomb. Ces messieurs n'étaient venus au Gath des morts que pour se livrer à cette chasse pleine d'attraits pour eux ; en insistant pour les accompagner, je m'étais bien promis de ne point troubler leur plaisir ; aussi leur accordai-je volontiers une heure pendant laquelle je leur promis de n'avoir point trop peur. A part les influences de la nuit, et de cette funèbre situation, je n'avais absolument rien à craindre des chacals qui n'attaquent jamais. Quant aux autres fauves, ils ne viennent pas rôder si près des lieux habités. Au surplus, je tenais Fedor en laisse, et deux domestiques dont notre bohis, Tchi-Naga, en qui j'avais la plus grande confiance, armés de fusils de troupe provenant des réformes des cipayes, étaient prêts à repousser toute hyène, qui eût tenté de faire son apparition sur notre plateau.

Bientôt des coups de feu éclatèrent de tous côtés, et les cris des chacals, qui tantôt s'éloignaient, tantôt se rapprochaient de moi, me permirent de suivre les directions différentes suivies par les chasseurs.

De temps en temps un hem! sonore et prolongé qui se faisait entendre toujours à faible distance de moi, et auquel je répondais par la même exclamation, me prouvait qu'entre tous les chasseurs, il en était un qui ne voulait laisser à personne le soin de veiller sur moi, et ma poitrine battait doucement aux accents de cette voix aimée.

Près d'une heure s'était écoulée, nos Nemrods devaient avoir fait un affreux carnage de bêtes immondes, car le silence de la nuit n'était plus troublé que par de rares hurlements... Une dizaine de bûchers s'étaient éteints, on en avait allumé d'autres, les pourohitas avaient fait leurs sinistres besognes, et Tchi-Naga que j'envoyai inspecter le Gath, revint me dire qu'il ne contenait plus que deux mourants. Je restai quelque temps absorbée dans mes pensées, m'égarant à travers toutes ces étranges superstitions de l'Orient qui, de siècle en siècle, deviennent plus grossières, accusant ainsi la décadence, et préparant la fin de peuples qui eurent leurs heures de civilisation et de grandeur, et je me demandais où vont toutes ces nations disparues qui, comme l'homme, sont arrivées à la mort par le chemin de la vie, où vont tous ces efforts, toutes ces luttes... Au mieux et au bien, me dit une voix intérieure, et en face de ces pauvres Indous disputant aux fauves les restes de leurs parents, en face de cette décadence morale d'un des plus vieux peuples qui soient au monde, pour ne pas maudire... j'ai élevé mon âme jusqu'à Dieu.

Deux coups de feu tirés simultanément étaient le signal qui devait ramener tout le monde sur la terrasse.

Il venait d'être donné, et je m'avançais au-devant de nos amis, lorsqu'en jetant, par un sentiment de curiosité involontaire, les yeux sur les gradins du Gath pour voir s'il restait encore quelques pauvres victimes à jeter dans le feu, je fus obligée de me pencher un peu au-dessus du parapet à demi écroulé de la terrasse. Un seul corps s'y trouvait encore; je crus entendre une vague plainte monter jusqu'à moi, je me sentis défaillir et j'allais m'éloigner de ce lugubre observatoire, lorsqu'il me sembla qu'une masse noirâtre, dont je ne pouvais distinguer les formes, gravissait lentement les escaliers du Gath, en se dissimulant le long du mur de soutènement de la terrasse où je me trouvais. La nuit était tellement épaisse, que je n'étais point sûre de mes sens, et qu'un moment je crus à une hallucination. Je ne voyais plus rien!...

Tout à coup le dernier mourant que l'on distinguait aisément à son pagne blanc, et dont on entendait parfois les plaintes saccadées, parut glisser insensiblement le long des gradins dans la direction du Gange... Une idée subite me traversa l'esprit, je poussai un cri en appelant Tchi-Naga qui, en un instant, fut auprès de moi.

Après un rapide coup d'œil jeté sur le Gath, le bohis épaula son fusil et tira dans la direction du mourant. Le bruit de l'arme se confondit presque avec le hurlement d'une hyène blessée, et le corps du moribond, presque un cadavre, resta immobile sur les dernières marches du monument.

Je ne m'étais pas trompée... quelques minutes encore et le malheureux, qui n'avait plus la force de crier, allait disparaître à la suite de son impur ravisseur, dans les hautes herbes et la vase des bords du fleuve.

Las de veiller, le pourohita et les parents s'étaient endormis à quelques pas de là, dans les broussailles ; ils accoururent, et quand ils comprirent quel danger avait couru le mourant, ils vinrent tous, les uns après les autres, se prosterner à mes pieds, en signe de remercîments.

Il fallait toute l'importance du service que je leur avais rendu, pour qu'ils agissent ainsi ; car les Indous ne se prosternent guère devant les femmes, qu'ils considèrent comme étant d'une

espèce inférieure. Ce qui les touchait le plus n'était pas que leur parent eût échappé à l'horrible sort d'être dévoré vivant encore, c'était qu'il eût évité d'être déchiré par les hyènes et les chacals, avant que les dernières cérémonies religieuses de la purification eussent été accomplies sur le bûcher, car, dans le cas contraire, il eût été obligé de revenir sur la terre, reconquérir la dignité d'homme, par mille et mille transmigrations dans le corps des animaux les plus impurs.

La détonation du fusil du bohis avait hâté l'arrivée de tous nos chasseurs. Il pouvait être deux heures du matin. Une fraîcheur malsaine commençait à s'élever du fleuve, et nous jugeâmes qu'il était prudent de reprendre le chemin de la ville. Bien souvent depuis, comme le jour de notre embarquement à Calcutta, j'ai rencontré en canot des cadavres sur le Gange, chaque fois j'ai revu à travers mes souvenirs, le pauvre moribond du Gath des morts de Chandernagor.

. . . .

Quatre jours après notre départ de Garden-

Rich, nous jetions l'ancre, au coucher du soleil, par le travers de l'île de Sogor, située à l'embouchure du fleuve. Le lendemain, nous allions entrer dans l'Océan.

DEUXIÈME PARTIE

DU GANGE AU BRAHMAPOUTRE

II

L'embouchure du Gange. — Sogor, l'Ile aux Tigres. — Le golfe du Bengale. — Les requins. — Les marais du Brahmapoutre et les caïmans. — Combat d'un rhinocéros et d'un éléphant. — Vellypoor. — Le major Daly.

Notre descente du Gange s'était effectuée sans grandes péripéties ; chaque jour, à dix heures, nous accostions au rivage pour donner un peu de repos à nos hommes, et déjeuner. Au coucher du soleil nous jetions l'ancre à quelques encâblures de la berge, pour ne pas être surpris dans notre sommeil par une visite des fauves.

De Calcutta à l'Océan, toutes les plaines que traverse le fleuve, sont des terrains d'alluvion à peine élevés au-dessus du niveau de l'Océan, constamment ravagés par des inondations et des cyclones, qui empêchent les grandes forêts de s'y former, et de donner ainsi de la solidité au sol. Comme compensation, ces lieux sont d'une extraordinaire fertilité, et des plus favorables à la culture du riz.

Je ne sais rien de monotone comme ces vastes étendues d'un vert éclatant, qui vont se confondre avec les dernières limites de l'horizon, sans que la moindre ondulation de terrain rompe l'uniformité du paysage.

Au coucher du soleil, nous assistions parfois à de singuliers effets d'optique.

Les rizières sont divisées en champs d'environ un hectare. Tous les soirs, avant de finir leur journée, les coolis indous emploient deux ou trois heures à l'arrosage. Ils s'y prennent de la manière suivante :

De nombreux étangs, qu'on alimente par des saignées pratiquées dans le Gange, ou simplement en leur donnant une profondeur de deux ou trois coudées au-dessous du niveau du fleuve, sont disséminés dans la plaine. Pour envoyer l'eau de ces étangs dans les champs de riz, les coolies ont imaginé un moyen *aussi ingénieux qu'incommode*. Au sommet d'un tronc d'arbre de quatre à cinq mètres de haut, fixé en terre sur les bords de l'étang, ils adaptent en croix une longue poutre de bois mobile comme le levier d'une balance, et pouvant, ainsi que ce dernier, se lever et s'abaisser à volonté. A l'une des extrémités de ce levier, qui s'avance au-dessus du réservoir, se trouve suspendu un vase en cuivre ou en terre épaisse, pouvant contenir quarante ou cinquante litres d'eau. Il faut deux coolies pour arroser avec cette vénérable machine ; l'un grimpe au sommet du tronc d'arbre et se met à courir, en faisant des merveilles d'équilibre, sur le balancier ; quand il vient du côté du bras qui supporte le vase par une corde en fibre de coco, ce dernier plonge dans l'eau et se remplit ; quand il retourne sur l'autre bras du levier, le mouvement de la balance se produit en sens inverse, et le vase s'élève au niveau du sol, le second Indou resté en bas lui imprime alors un mouvement de bascule, et l'eau se déverse dans les canaux d'arrosage ménagés à travers les champs de riz.

Chaque soir, lorsque le soleil s'inclinait du côté des plaines d'Orixa, illuminant les rizières de ses derniers feux, des centaines de coolies occupés à ce manége, se détachaient dans le ciel rouge sur leurs balanciers, qui se levaient et s'abaissaient en cadence, et ils nous apparaissaient grandis par le jeu de la lumière, comme des géants naviguant dans le vide, avec des pirogues qui montaient et descendaient sur des flots imaginaires.

Quelquefois, lorsque la présence d'un village de *raiots* concordait avec l'heure de notre station habituelle du matin, nous mettions pied à terre et allions le visiter, nous munissant, Mme Stevens et moi, de quelques friandises pour les petits enfants qui nous regardaient passer avec leurs grands yeux noirs étonnés, en se cachant à demi derrière le pagne de leurs mères. Il était rare que notre promenade ne se terminât pas, par l'envoi d'un sac de riz dans quelque case où nous avions trouvé toute une famille en train de mourir de faim... Ah! les pauvres *raiots*, leur travail suffit à peine à payer les redevances dues au mirasdar, et pendant les trois quarts de l'année ils n'ont pour toute nourriture que des racines et des jeunes pousses de bambou. Depuis des siècles, et de père en fils, ils cultivent le même champ dont ils ne seront jamais propriétaires ; on les vend avec la terre où ils sont nés et voilà des milliers d'années que cela dure... Ah ! les pauvres *raiots*, quand donc sonnera l'heure de leur émancipation ?

Il est consolant de dire que, sur ce point, la France a fait depuis longtemps son devoir. Il y a plus de vingt ans que, dans les modestes possessions qui lui restent, elle a aboli les concessions des mirasdars, et déclaré chaque *raiot* propriétaire du champ qu'il cultivait, et qu'il avait reçu de son père.

Vingt-quatre heures avant d'atteindre l'embouchure, nous nous étions éloignés de la rive droite du fleuve et avions mis le cap sur l'île de Sogor, qui devait être notre dernière étape avant de pénétrer dans le golfe du Bengale.

A ce moment, nous ne pouvions plus apercevoir les deux rives ; le jeu de la lame faisait danser notre dingui, et n'eût été la couleur blanchâtre des flots, on se serait cru en pleine mer.

Nous jetâmes l'ancre sur le soir à deux portées de fusil à peine de Sogor, un peu en dehors de la ligne suivie par les gros navires, qui se rangent au vent de l'île pour attendre l'arrivée des remorqueurs, qui doivent les conduire à Calcutta.

Le tandel (patron) Gopal-Chondor, avait admirablement dirigé ses hommes, pendant toute cette première partie de notre navigation, et cela nous donnait tout espoir pour une prompte et heureuse arrivée à Dakka. Malgré la chaleur, notre santé à tous s'était conservée excellente, et notre provision de bonne humeur était loin d'être épuisée.

L'île de Sogor est connue sur toute la côte sous le nom de l'Ile aux Tigres; elle est en effet tellement livrée au pouvoir discrétionnaire de ces dangereux animaux, qu'il a toujours été impossible d'y faire de la culture sérieuse. Nombre de fois on y a transporté des coolies avec des instruments et des vivres, pour y commencer l'installation de rizières, qui eussent certainement donné deux récoltes par an, tant est grande la fertilité du sol; chaque fois les pauvres gens se sont enfuis à la hâte, abandonnant leurs instruments et leurs travaux commencés. Tous les soirs, à l'appel, il manquait un ou deux hommes, et pendant les nuits ils avaient à soutenir dans leurs blockhaus improvisés de véritables siéges contre les tigres.

Un des derniers concessionnaires, pour forcer les *raiots* à lutter, *oublia* de laisser des embarcations ; quand on revint quinze jours après leur apporter des vivres, il n'y avait plus un seul Indou sur l'île. La justice de Calcutta déclara, après enquête, que les malheureux s'étaient sauvés à la nage, l'île de Sogor n'étant distante de la côte que d'environ deux milles. Cela n'avait rien d'impossible pour quelques-uns, mais était peu probable pour tous... Il n'en fut plus question. Quelques coolies de plus ou de moins ne pouvaient faire baisser l'indigo ou l'opium. L'Anglo-Saxon ne vient ici que pour ramasser de l'argent et n'a pas le temps de s'occuper des questions d'humanité. Ne croyez pas, cependant, qu'il s'en désintéresse, *oh ! que non pas !* Il fait partie de toutes les sociétés philanthropiques de Londres, paie bien sa cotisation, et charge ces sociétés de traiter en bloc toutes les affaires de sentiment, que le riz et le coton ne lui laissent pas le temps d'examiner. Tranquille alors du côté de ses devoirs humanitaires, que ses mandataires sont chargés de bien remplir pour lui, il impose son opium aux Chinois à coups de canon, fait la traite des nègres, pendant que sa société dénonce les négriers et les fait pendre, et ne laisse pas même aux Indous de quoi vivre. Nous ne savons pas agir comme cela en France, aussi méritons-nous amplement ce reproche que nous adressent tous les peuples, des chutes du Niagara au détroit de la Sonde : « Vous n'êtes pas des gens pratiques. »

Depuis cette dernière tentative, Sogor a été laissée entièrement à la disposition de ses dangereux hôtes, qui y fourmillent avec une telle abondance aujourd'hui qu'il est impossible de faire, même de jour, cinquante pas dans l'île sans être dévoré.

Il y avait un mois à peine, un capitaine américain qui apportait un chargement de glace, avait été mis en pièces, avec un de ses officiers, presque en touchant terre. C'était la première fois qu'il faisait la navigation de l'Inde ; sa carte lui indiquant un bon mouillage près de Sogor, il y avait jeté l'ancre ; mais obligé d'attendre le remorqueur pendant plusieurs heures, en face de cette île que recouvre une admirable végétation, et dont l'aspect enchanteur est d'une irrésistible séduction après de longs mois de mer, il n'avait pu résister au désir d'aller avec un de ses lieutenants y déchirer quelques cartouches. Le lieu est en effet des plus tentants pour un chasseur; des nuées d'oiseaux aquatiques, sarcelles, canards, pluviers, bécassines, etc... s'élèvent constamment des marais, rasant les hautes herbes de leur vol pesant, aussi nombreux que les mouettes sur les îlots déserts de la mer Rouge. Les deux malheureux ne revinrent pas à leur embarcation, et le second resté à bord allait envoyer une faible escouade à leur recherche, lorsque fort heureusement, le pilote étant arrivé, lui fit connaître le sort affreux que ses deux amis avaient probablement subi; même fin attend tous ceux que vous y enverrez, ajouta-t-il en terminant.

L'Américain ne se tint pas pour battu; seulement, au lieu d'envoyer une petite troupe dans l'île, il se mit à la tête de vingt hommes armés jusqu'aux dents, et débarqua lui-même; il leur fut impossible de pénétrer dans l'intérieur, l'inextricable fouillis de lianes, de bambous et d'arbustes les obligeait à se séparer pour avancer, et se séparer, c'était une mort rapide et inévitable.

Ils cherchèrent alors à contourner l'île... Ils n'avaient pas fait un demi-mille qu'ils étaient attaqués ; grâce à leurs revolvers, et surtout à leurs carabines munies de fortes baïonnettes, en moins de dix minutes, ils tuèrent deux tigres. Mais le bruit de la fusillade et les hurlements des animaux qui les premiers avaient chargé, mirent rapidement toute l'île en émoi, et bientôt les rugissements devinrent si nombreux, se rapprochant sans cesse du petit bataillon, que la prudence les força à faire un retour rapide en arrière ; s'ils se fussent mis dans le cas d'être attaqués par deux ou trois tigres à la fois, eux aussi ils étaient perdus. Ils firent alors le tour de l'île en embarcation, poussant des cris et déchargeant leurs armes ; mais rien, aucun bruit ami ne vint rompre le sinistre silence de la solitude.

Pendant six jours, le brave second chercha à retrouver la dépouille de son capitaine ; dans une tentative suprême, il eut le canon de sa carabine broyé par un des félins que ses hommes furent obligés de tuer à coups de baïonnettes; ce n'est qu'après avoir tout tenté qu'il se décida à constater le décès, et à conduire son navire à Calcutta.

J'ai eu le triste avantage de lui entendre raconter à lui-même les différentes péripéties de ces scènes terribles, pendant lesquelles il avait, avec ses intrépides marins, joué vingt fois sa vie dans des combats corps à corps. Né à la Nouvelle-Orléans, de vieille souche française, — il s'appelait le lieutenant Molvault, — il s'était fait présenter à quelques personnes de la société de Chandernagor, chez lesquelles nous eûmes le plaisir de le rencontrer.

Le jour n'avait pas tardé à disparaître, au milieu des teintes vagues du couchant; grâce aussi à sa terrible légende, Sogor me paraissait se revêtir pour la nuit, d'un voile de silence et de mystère, qui s'harmonisait admirablement avec cette croyance de nos macouas, qu'au centre de l'île se trouvait un gouffre qui correspondait avec le Naraca, sombre demeure du roi des enfers.

Tout était en mouvement sur le pont du dingui ; une partie de l'équipage travaillait à préparer les voiles qu'on venait de tirer de la cale, tandis que l'autre garnissait le mât de ses cordages, coulisses et apparaux. A la grande joie des indigènes les avirons étaient rentrés, et jusqu'à l'embouchure du Brahmapoutre, nous allions nous laisser porter par le vent.

Nous prenions le frais sur le devant de notre petit salon, discutant sur le temps probable qui nous était nécessaire pour arriver à Vellypoor, habitation de notre ami au-dessous de Dakka, lorsqu'un catimaron monté par deux indigènes dont une femme, vint se ranger contre notre petit navire ; l'homme monta rapidement à bord par une des écoutilles, et vint nous offrir du poisson de l'Océan.

Le catimaron est dans l'art nautique plus rudimentaire encore que la pirogue, qui doit être creusée avec soin et munie d'un balancier. Ce moyen de navigation se compose tout simplement de trois poutres de bois, taillées en pointe aux deux extrémités et reliées entre elles solidement par des cordes en fibres de coco ; assis ou à cheval sur cette espèce de radeau, les Macouas ou pêcheurs, parcourent, les jambes dans l'eau avec leurs filets, de grandes distances sur l'Océan ; on en rencontre parfois à quinze et vingt lieues de toutes côtes.

Dans le golfe du Bengale, ils vivent pour ainsi dire sur la mer, pêchant la nuit et le jour, portant leurs poissons frais aux centaines de navires, qui constamment montent et descendent le long de la côte.

D'ordinaire, sur chaque catimaron, le mari pêche pendant que la femme pagaie. Dès qu'un enfant du sexe masculin arrive aux pauvres gens, la femme reste à terre pendant tout le temps de l'allaitement. Sitôt qu'il marche, le pêcheur renvoie l'aide qu'il a été obligé de prendre, on attache l'enfant sur le catimaron, et la mère reprend sa place à l'arrière.

On met une pagaie entre les mains du marmot, dès qu'il a la force de la tenir, et d'ordinaire entre sept ou huit ans il peut diriger le radeau, pendant que son père pose ou relève ses filets.

La femme alors ne quitte plus la paillote,

sorte de petite case en bambous couverte de feuilles de cocotier, prépare les provisions que son mari emporte en mer, et surtout s'occupe d'élever ses enfants, dont le nombre croît autant qu'il plaît à Dieu.

L'Indou ne prend une femme que pour qu'elle lui donne des enfants, et plus il en a, plus il s'estime heureux. On ne l'entendra jamais, quel que soit son état de dénûment, se plaindre de l'accroissement de sa famille. La stérilité d'une femme est le plus grand malheur qui puisse lui arriver; cet état est considéré comme le produit d'une malédiction céleste, et, dans certains cas, peut autoriser la séparation.

Après nous avoir vendu un lot de poissons et reçu son salaire, le macoua qui était monté à notre bord, aperçut en se retournant pour regagner son catimaron, sa jeune femme, qui, poussée par la curiosité, debout sur le frêle esquif, nous regardait à travers l'ouverture d'un sabord. Il lui adressa immédiatement un torrent d'injures, la traitant d'*esclave*, de *servante*, employant d'autres termes plus violents encore, dont les langues de l'Orient ont seules le secret;

dès qu'il fut éloigné de nous, il lui administra une correction manuelle, que la pauvre créature reçut d'un air doux et soumis, comme un enfant; il ne fut à vrai dire point trop brutal, et pour une faute aussi grave contre les usages indous, beaucoup d'autres eussent eu la main plus lourde.

J'ai déjà dit que les Indous considéraient la femme comme étant d'une espèce de beaucoup inférieure à celle de l'homme; depuis le macoua dont nous venons de voir l'exemple, jusqu'aux brahmes et aux membres des castes les plus élevées, tous en agissent avec la mère de leurs enfants, comme avec un être sans consistance, sans raison, sans valeur morale, qui a besoin d'être maintenue dans la ligne du devoir par la sévérité. La femme est donc dans l'Inde dans un état continuel de dépendance et de soumission, et en aucune circonstance de la vie elle ne peut devenir maîtresse de sa personne. Son devoir est d'obéir à ses parents tant qu'elle est encore fille, à son mari et à sa belle-mère quand elle est mariée; et dans le veuvage, ses fils deviennent ses supérieurs et ont le droit de la commander.

En suite de ces idées, l'éducation des femmes est entièrement négligée; on ne cultive en aucune façon leur intelligence et leur esprit, quoique la plupart en aient naturellement beaucoup. Dans l'état de dégradation où ce sexe est plongé, à quoi lui serviraient les bienfaits de l'instruction? A comprendre combien est fausse la marque d'infériorité intellectuelle et morale qu'on lui impose, et à réclamer une place égale au foyer domestique... Sa situation actuelle convient mieux à son maître, plus par tradition peut-être que par penchant personnel, car l'Indou au fond n'est point mauvais; aussi toute l'éducation d'une femme dans l'Inde se borne-t-elle à lui enseigner à piler le riz, à le faire cuire, et à vaquer aux soins peu nombreux du ménage.

Les bayadères, dont la profession est de danser dans les temples et aux cérémonies publiques, ou celles qui font trafic de leurs charmes, ont seules la permission, en outre du chant et de la danse, d'apprendre à lire et à écrire. Il serait, par conséquent, honteux qu'une femme honnête le sût, et si, par hasard, elle l'avait appris, elle rougirait d'en faire l'aveu.

Ces pauvres créatures ont fini par partager sur leur propre compte, l'opinion de leurs maris, et il n'est pas rare de les entendre répliquer en manière de justification, quand on leur reproche quelque faute : « Après tout, je ne suis qu'une femme. »

Une des injures les plus sanglantes qu'un Indou puisse adresser à un autre, c'est de lui dire que dans telle ou telle circonstance de la vie, *il a agi comme une femme.*

Accoutumées du reste aux manières dures et impérieuses de leurs maris, la plupart des femmes seraient peinées de leur voir prendre avec elles un ton familier. J'ai eu souvent des ayas qui venaient se plaindre à moi, de ce que leurs maris avaient pour elles en public, de ces attentions qui sont chez nous les preuves d'affection.

— Nous sommes honteuses de ces manières, me disaient-elles, et nous n'osons plus nous présenter nulle part, de peur d'être prises pour des femmes de vile condition.

Si le mari est rude dans son langage, la femme au contraire ne lui adresse la parole qu'en témoignant de la plus profonde humilité, et en le qualifiant de *mon maître*, *mon Seigneur*, et souvent même *mon Dieu*. Le respect lui interdit de l'appeler jamais par son nom, et si dans l'humeur ou la familiarité elle prenait cette licence, elle passerait pour une femme mal élevée, et serait immédiatement rappelée au respect par une correction que tout le monde trouverait méritée. Lorsqu'elle parle de lui à quelqu'un, elle doit observer la même réserve ; aussi est-ce manquer très-gravement à tous les usages de la politesse indoue que de demander à une femme le nom de son mari, comme à un mari de demander des nouvelles de sa femme. Si parfois un Européen, sans le savoir, commet une telle impertinence, on les voit rougir et baisser la tête sans répondre. Mais si les femmes jouissent de peu de considération dans la vie privée, le respect qu'on leur porte en public, est une sorte de dédommagement. Elles ne reçoivent pas à la vérité ce flot de formules banales que nous sommes convenus d'appeler de la galanterie ; mais elles sont à l'abri de toute insulte. Une femme peut aller partout, passer dans les endroits les plus fréquentés sans avoir à redouter ni les regards indiscrets, ni les impertinences des désœuvrés. Une maison où il n'y a que des femmes, est un asile que le plus éhonté libertin ne violerait pas impunément. Toucher du bout du doigt seulement dans la rue une femme honnête, fût-elle votre parente, votre femme même, est d'une haute indécence, et il n'est même pas permis à un homme, d'adresser la parole à une femme de sa connaissance, à la campagne ou dans les rues désertes.

Ces coutumes m'ont d'autant plus frappée que dans l'Inde la dissolution des mœurs est portée au dernier degré.

Malgré le traitement que nous venons de voir le macoua infliger à sa femme, en vertu d'un usage général et considéré comme nécessaire, eu égard à la faiblesse d'intelligence qu'on se plaît à prêter à ce sexe, la femme indoue est certainement beaucoup plus heureuse que les trois quarts des femmes de nos ouvriers européens. Elle n'est soumise à aucun travail de peine, en dehors des soins du ménage, elle est généralement aimée de son mari, à qui elle donne beaucoup d'enfants, et profite de l'état réel de douceur des mœurs pour acquérir, malgré l'infériorité dans laquelle on veut la tenir, une véritable influence dans la famille.

Tous les jours vous entendez dire à un Indou, sans distinction de caste et de fortune :

— Je serais très-heureux de faire cela, mais je ne puis m'y résoudre.

Et si son interlocuteur lui en demande les motifs.

— Il répond : La *femme* ne le veut pas. Pourquoi faire de la peine à la *femme*. Quand la *femme* est triste, les enfants pleurent à la maison et les dieux ne bénissent pas les maisons où les femmes ne sont pas heureuses.

Quand les enfants mâles, à la mort de leur père, deviennent les chefs de la famille, les supérieurs de leurs mères, ils ne le sont que par l'observation d'une étiquette superficielle, et, en résumé, adorent leurs mères, les entourent de respect, et ne font rien sans leurs conseils.

Il est juste de dire que la correction d'usage ne se compose le plus souvent que d'un léger coup sur les doigts ; l'Indou ne frappe jamais sa femme au visage ; c'est une sorte de rappel à l'ordre qui serait blessant au suprême degré pour la femme européenne qui a conscience de sa dignité, mais que la femme indoue accepte en souriant dans sa simplicité et dans son ignorance, comme un enfant reçoit un mouvement de vivacité de son père.

Mes lectrices trouveront peut-être que je ne m'élève pas avec assez de force contre la brutalité des maris indous.

Ma réponse sera bien simple.

J'ai eu souvent l'occasion d'interroger les magistrats de nos différents établissements de l'Inde. Eh bien! tous m'ont affirmé que soit dans le Sud, soit dans le Nord, ils n'avaient jamais eu l'occasion d'appliquer la loi à un Indou coupable de coups et blessures envers sa femme.

Bien plus: sur les deux cents millions d'Indous, il n'y en a pas un par an qui soit accusé de meurtre sur la personne de sa femme. Ce fait, qui résulte des statistiques judiciaires, est, malgré son invraisemblance, de la plus authentique exactitude, et fait honte à notre civilisation.

La plupart des femmes indoues que j'ai eu l'occasion de voir et d'interroger m'ont déclaré et m'ont paru être parfaitement heureuses. Me plaçant à leur point de vue et non au nôtre, pour juger de leur situation, il m'est bien difficile d'être plus sévère qu'elles...

J'estime qu'en faisant perdre aux maris indous, cette brutalité d'expressions et de conduite extérieure, qui n'est pas dans leur cœur, et en donnant aux femmes une instruction qui leur fît prendre une idée plus élevée d'elles-mêmes, la famille indoue n'aurait rien à envier aux familles les plus honnêtes de l'Europe. La femme indoue a déjà cet avantage qu'elle est réellement mère...

Être mère, voilà la véritable émancipation de la femme.

Quel sublime rôle !

Porter dans son sein tout l'avenir, élever ses enfants dans le bien, exercer par l'éducation du foyer une influence constante sur le développement intellectuel et moral de l'humanité, voilà ce que je souhaite pour la femme en Europe comme dans l'Inde, voilà le but que nous devons ambitionner toutes d'atteindre... Croyez-moi, amies lectrices, l'émancipation féminine qui entrevoit la barrette de l'avocat, la toge du magistrat, le scalpel du médecin, ou même, car d'aucunes vont jusque-là, le siége du député, n'est point une émancipation de bon aloi.

Tout ce qui tend à éloigner la femme de son mari, de ses devoirs naturels, du foyer où elle trône, pour la pousser dans la lutte de la vie, sur la place publique ou ailleurs, est mauvais, et de tout point contraire au rôle qu'elle doit jouer par la nature de son intelligence et sa conformation physiologique, dans l'ensemble humanitaire.

Est-il une palme, un succès de la plume ou du barreau, qui vaille la joie que donne un bel enfant qui puise à longs traits la vie sur notre sein? Et c'est pour cela que si je souhaite à la pauvre femme indoue, un peu de cette instruction et de ce respect de notre personnalité qui nous donnent en Europe des sentiments de morale et de dignité incomparablement plus élevés que les siens, je désire aussi que nous sachions et voulions être mères comme elle...

A peine le pauvre macoua s'était-il éloigné de notre bord, qu'il changea de ton; il n'était plus en public, et ce fut d'une voix presque caressante, qu'il continua à gourmander sa timide compagne.

— Pourquoi, lui disait-il, regardais-tu ces belattis — étrangers, — ne sais-tu pas qu'ils sont capables de faire périr par leurs maléfices, l'enfant que tu portes dans ton sein?

Ils avaient pris chacun la pagaie, et ramaient vigoureusement dans une direction opposée à la nôtre; la réponse de la femme ne nous parvint que comme des sons sans signification, et bientôt ils se perdirent dans les brumes du couchant.

Jamais je n'oublierai les émotions de cette nuit que nous passâmes par le travers de Sogor.

La lune ne devait se lever que sur les deux heures du matin, et quelques minutes après la disparition du soleil, nous fûmes ensevelis dans une de ces obscurités dont les personnes qui n'ont pas habité les tropiques se feraient difficilement une idée; on ne distinguait même pas l'eau en se penchant au-dessus des plats bords de notre petit navire. Au milieu de cette nuit profonde, les mugissements du fleuve qui se rencontrait à quelques pas de là avec l'Océan, avaient quelque chose de lugubre, et bientôt allait éclater un autre concert.

Nous étions tranquillement occupés à dîner dans notre salon, lorsque le métor qui, accroupi dans un coin, faisait mouvoir par une corde le pankah suspendu sur nos têtes pour rafraîchir l'air, se leva brusquement, les yeux hagards, oubliant son office; nous-mêmes, n'avions pu nous empêcher de tressaillir...

Un rugissement prolongé venait de partir de l'île, avec une telle force, qu'on eût dit que le tigre n'était qu'à quelques pas de nous seulement. A celui-là succéda rapidement un autre... puis un autre encore, bientôt il nous sembla que tous les fauves de Sogor, s'étaient donné rendez-vous sur le rivage qui faisait face à notre dingui.

M. Stevens fit appeler le tandel.

— Gopal-Chondor, lui dit-il, que penses-tu de tout ce vacarme?

— Ce sont les tigres, saëb.

— Je le sais, mais les rugissements ont l'air d'être beaucoup plus nombreux en face de nous que de tout autre côté?

— C'est toujours comme cela, saëb.

— Explique-toi.

— Lorsque j'étais tandel d'une embarcation pilote, il nous arrivait souvent de mouiller pour la nuit, beaucoup plus près encore de l'île que nous ne sommes ce soir; chaque fois les tigres se sont toujours attroupés en face de nous, ils nous sentaient et ils nous le faisaient comprendre dans leur langage.

— Le tigre des saunderbounds du Gange traverse l'eau, je crois?

— Oui, saëb; il est capable de faire jusqu'à deux et trois milles en mer.

— Mais alors nous ne pouvons rester ici sans danger.

— Vous n'avez rien à craindre, le tigre ne se jette jamais à l'eau pour attaquer, à moins qu'il ne soit blessé, auquel cas il n'y a rien qui soit capable de l'arrêter.

— Pour plus de sûreté, ne penses-tu pas qu'un autre mouillage serait préférable? Nous pourrions facilement nous éloigner à l'aviron et aller prendre position plus au centre de la rivière, quoi qu'on ne voie guère à deux pas devant soi;

le compas — boussole marine — nous indiquera aisément la direction à suivre.

— Le mouillage est bon, saëb, il est inutile d'en changer; il n'y a pas d'exemple que les tigres aient poursuivi sur l'eau la plus petite embarcation.

— Cependant à l'époque des cyclones ne s'enfuient-ils pas sur la terre ferme ?

— Oui, à chaque renversement du mousson; quand la tempête éclate en haut du golfe, Sogor est envahie par les eaux, et quand les tigres ne sont pas surpris par la rapidité du mascaret, ils gagnent la côte à la nage et reviennent dès que le calme est rétabli, mais ils vont à l'eau par nécessité, et non pour se procurer une proie.

— Alors, tu réponds de nous ?

— Oui, saëb.

— Cependant, en cas de nécessité, fais rétablir les avirons dans les gaînes du bordage, afin d'être prêt à tout, et recommande à tes macouas de faire bonne garde.

— Vos ordres seront exécutés, et je veillerai moi-même.

— Salam, tandel.

— Saranai, aya — Salut respectueux, seigneur !

Le patron, soulevant la tenture, regagna l'avant, où ses hommes, habitués à la navigation de l'Océan, préparaient leur dîner en causant et riant avec indifférence, sans s'inquiéter le moins du monde des hôtes dangereux, qui hurlaient à deux portées de fusil à peine de notre station.

— Mesdames, nous dit M. Stevens après le départ du tandel, je savais parfaitement que nous n'avions rien à redouter des tigres.

Les détails que vient de nous donner Gopal-Chondor m'étaient connus depuis longtemps; mais dans l'intérêt de votre tranquillité, j'ai préféré vous mettre en face de son expérience.

Le but de notre ami était complétement atteint, et, grâce à l'assurance du tandel, nous passâmes une nuit sinon tranquille, c'était impossible au milieu de ce terrible concert, du moins exempte de craintes exagérées.

Nous ne nous retirâmes dans nos cabines respectives qu'à une heure assez avancée, retenus malgré nous sur le pont par un attrait difficile à rendre, mais qui empruntait à l'obscurité qui nous entourait, au sourd grondement des flots et aux rugissements des rois de la jungle, un je ne sais quoi d'âpre et de sauvage qui agissait sur nos nerfs et chassait le sommeil.

Lorsque j'ouvris les yeux, je sentis aux balancements du navire que nous étions en marche; le jour était levé depuis longtemps déjà, et, par le sabord de ma cabine, j'aperçus au loin sur les flots comme une bande verte se confondant presque avec la ligne de l'horizon : c'était l'Ile aux Tigres qui n'allait pas tarder à disparaître à nos regards.

A notre gauche s'étendait à perte de vue, avec des sinuosités sans nombre, la côte indoue que nous allions côtoyer jusqu'à l'embouchure du Brahmapoutre et du vieux Gange.

Le spectacle était aussi monotone que celui qui s'était présenté à nos yeux de Calcutta à Sogor ; mêmes terrains d'alluvion, à peine élevés au-dessus du niveau de l'Océan ; mêmes plaines vastes et uniformes, entrecoupées de marais, de tourbières et de rizières dans les endroits favorables.

Toute la côte était bordée de petites îles au

milieu desquelles nous naviguions, véritables bouquets de verdure et de lianes en fleurs, mais où l'imprudent qui s'y hasarderait ne tarderait pas à disparaître dans la vase amoncelée dont elles sont formées.

Ces îlots doivent leur naissance aux amas de boue que les vingt-cinq à trente bras du Gange charrient vers l'Océan ; en quelques jours l'herbe y pousse, le vent apporte quelques graines de lianes et autres plantes grimpantes, et voilà la végétation qui commence son œuvre, s'efforçant d'arracher ce morceau de terre à l'influence des eaux qui l'ont apporté... Elle y réussit d'abord ; quelques mois lui suffisent sous ces latitudes pour étaler sur les lieux les plus arides un épais manteau de verdure, de fleurs et d'arbustes. Mais à la première crue du Gange, adieu l'îlot ! la boue se désagrége, et pendant quelques jours les navigateurs qui passent dans ces parages, rencontrent la petite île verte, qui se promène soutenue par ses arbustes et ses bambous enchevêtrés, jusqu'au moment où la dernière motte de terre ayant cédé à l'action des eaux, les plantes se fanent et finissent par s'engloutir au sein de l'Océan.

Nous ne pouvions pas, comme dans notre navigation du fleuve, nous rapprocher de la terre chaque soir, ces parages étant entièrement déserts et surtout très-infestés de crocodiles. Continuer notre marche la nuit n'était guère possible, avec les îlots et les lagunes de vase autour desquels nous étions sans cesse forcés de louvoyer. La prudence nous obligeait donc à jeter l'ancre à trois ou quatre encâblures du rivage, chaque jour au coucher du soleil. L'aube nous retrouvait toutes voiles dehors, et rasant la terre de si près parfois, qu'en étendant la main on pouvait cueillir les fleurs des passiflores, des psignonia, des aristoloches, et autres lianes qui grimpaient au sommet des arbustes et suspendaient au-dessus de l'eau leurs capricieuses ondulations. Jamais je n'ai vu, je crois, nature plus animée. Tout le long des berges peu élevées de la côte, des milliers de hérons gris ou roses, entourés de toutes les variétés possibles d'échassiers, de goîtreux, de philosophes, d'aigrettes, d'ibis, de cormorans, fouillaient constamment la vase de leurs longs becs, pendant que de chaque branche plongeaient avec rapidité des martins-pêcheurs, de toutes espèces et de toutes nuances, qui faisaient entendre leur petit cri de joie, *kri-kri-kiri*, chaque fois qu'ils se relevaient avec un poisson ou un jeune crabe dans leur bec.

Lorsque nous longions une des embouchures de l'immense fleuve, nous apercevions à tout moment des corps allongés et noirâtres, qui, semblables à des troncs d'arbres, se laissaient dériver au fil de l'eau et disparaissaient au moindre bruit ; c'étaient des crocodiles en train de faire la course aux cadavres que charrie le fleuve.

Malgré le ciel bleu, un soleil incomparable, une mer calme qui reflétait toutes les nuances que lui renvoyait la lumière, et une des plus luxuriantes végétations qui soient au monde, ces lieux complétement inhabités, où la fleur du lotus et les plantes des marécages semblent sortir de la vase par le seul effort de l'eau, de la terre et de la chaleur, me paraissaient d'une tristesse mortelle. Ces immenses solitudes de boue verdoyante, hantées seulement par des caïmans et des oiseaux pêcheurs, nous reportaient aux premiers âges de la terre, et il nous semblait que, perdus au milieu de l'Océan, nous assistions à la formation d'un continent.

Cette impression était si vive que pendant toute notre traversée ces messieurs ne firent que causer d'époques *azoïque*, *paléozoïque* et *secondaire*, que de terrains sédimentaires et métamorphiques... et de cent autres choses sur lesquelles l'éducation européenne nous avait un peu trop traitées comme les femmes indoues, pour que nous pussions y prendre part.

Puis n'avez-vous pas remarqué : dès que la conversation s'engage sur des sujets de haute science, entre gens qui ont eu le bonheur de les étudier, ils se croiraient déshonorés s'ils parlaient français.

Ayant à tout hasard, au milieu du feu d'une conversation, demandé ce que l'on entendait par terrains sédimentaires, M. Stevens me répondit avec un grand sérieux :

— Ce sont des terrains stratifiés contenant de grandes quantités de débris fossiles.

— Et les terrains stratifiés ?

— Les terrains stratifiés, continua mon interlocuteur, se divisent en *silurien*, *devonien*, *car-*

bonifère, *permien*, pour les deux premières périodes, ensuite en *conchylien*, *soliferien*... Je ne sais jusqu'où serait allé notre ami, s'il ne s'était interrompu en nous voyant sourire.

— Ces dames se moquent de nous, mon cher Stevens, lui dit mon mari ; donnons-leur la définition qu'elles demandent, en dehors des termes consacrés par la géologie, puis nous cesserons cette conversation...

— Qui dure depuis avant-hier, interrompit Mme Stevens.

— Le pardon va être difficile à obtenir !

— Il est au prix d'une définition compréhensible, continuais-je sur le même ton de plaisanterie.

— Qu'à cela ne tienne, je m'exécute. Les terrains sédimentaires sont des terrains qui se sont formés au sein des eaux ; on les reconnaît à leurs couches parallèles et presque horizontales ; ils contiennent de grands dépôts de débris organiques, végétaux ou animaux.

— Alors les terrains qui se sont formés dans le delta du Gange, sont des terrains sédimentaires ?

— Je ne vois pas pourquoi on ne leur donnerait pas ce nom; mais il est cependant préférable de les appeler simplement, terrains d'alluvion, expression qui indique leur formation récente.

— L'œuvre ne s'arrêtera pas là, interrompit M. Stevens qui voulait prendre sa revanche, les alluvions du Nil ont bouché le détroit qui unissait autrefois la mer Méditerranée et la mer Rouge ; les plaines du Pô, de l'Arno, les Polders de la Hollande, la plupart des côtes basses et marécageuses de la mer du Nord, sont le produit d'alluvions relativement récentes. Presque tout le delta du Gange a été de cette façon conquis sur l'Océan, et l'on peut prédire qu'avec le temps les alluvions iront se souder à la côte de Birmanie, diminuant d'autant le fond du golfe du Bengale ; et c'est ainsi que les continents changent de forme par l'action lente et progressive de la nature.

C'est par de telles conversations, dont le sérieux était toujours tempéré par notre intervention, que nous égayions nos longues et monotones journées de navigation.

Le cinquième jour au matin, depuis notre départ de Sogor, nous devions approcher de l'embouchure où le vieux Gange et le Brahmapoutre confondent leurs eaux, lorsqu'un accident qui eût pu être funeste à l'un de nous, vint nous forcer à nous tenir un peu plus éloignés du rivage que nous ne l'avions fait jusqu'à ce jour. Nous remontions le long de la côte par une belle brise du sud-ouest, qui nous faisait marcher *grand largue* avec une vitesse de sept nœuds à l'heure, ce qui représentait la somme de l'effort dont notre dingui était capable, lorsqu'en *rangeant* d'un peu trop près une des nombreuses petites îles parsemées à l'embouchure du fleuve, un crocodile surpris dans les hautes herbes par notre brusque apparition, fit un bond pour plonger dans l'eau et vint tomber à mi-corps sur le plat bord du dingui ; il se laissa immédiatement glisser le long de la muraille du petit navire, et disparut avec une telle vitesse, que c'est à peine si nous eûmes le temps de l'apercevoir. S'il avait pu franchir le bordage et tomber sur le pont, nous eussions certainement eu quelque malheur à enregistrer, le terrible saurien affolé n'eût peut-être pas pu retrouver son chemin, et il eût fallu le tuer dans une lutte corps à corps.

Gopal-Chondor reçut l'ordre de se tenir dorénavant à une distance respectueuse des îlots et de la côte.

Ce devait être une journée d'émotion, car sur les onze heures, la brise ayant faibli, comme cela arrive toujours pendant les moments de fortes chaleurs, de sept milles notre vitesse tomba à deux milles, et nous aperçûmes à quelque distance de l'arrière les ailerons de deux requins qui nous suivaient, comptant sans doute sur quelque aubaine. Les macouas, à qui leur caste permet d'user de la chair de poisson, nous demandèrent la permission de tenter la capture des deux terribles squales; nous la leur accordâmes volontiers, mais au moment où ils allaient en profiter, la brise d'est, s'étant levée avec sa régularité habituelle, succédant aux vents de terre qui avaient soufflé toute la nuit, nos voiles se gonflèrent de nouveau, et les deux requins, dont la vitesse ne dépasse jamais un mille et demi à deux milles, disparurent bientôt dans le sillage du dingui, qui s'élança en bondissant vers la barre formée par la réunion des eaux du Brahmapoutre avec celles de l'Océan.

Ce passage, qui n'a rien de dangereux en dehors des époques de mousson, étant effectué, nous remontâmes le long de la rive gauche du Brahmapoutre, dont les berges ne tardèrent pas à s'élever insensiblement ; nous avions quitté les terrains d'alluvion, la nature changeait graduellement d'aspect, et sur le soir, lorsque nous cherchâmes sur les bords une petite anse, un port naturel pour nous y abriter, d'épaisses forêts s'élevaient de toutes parts, les arbres venaient plonger leurs racines jusque dans l'eau, et allongeaient au-dessus des berges, leur feuillage qui s'inclinait en berceau sur le fleuve.

Tout à coup nous aperçûmes dans un des replis de la rive, un énorme éléphant noir qui, avec son cornac sur le cou, s'abreuvait tranquillement dans le Brahmapoutre.

Nous eûmes un véritable mouvement de joie, c'étaient les premiers êtres doués de raison, que nous apercevions depuis notre départ de Sogor. J'applique sans peine la même épithète à l'éléphant et à l'Indou, car j'ai connu beaucoup de ces admirables animaux qui étaient plus intelligents que leurs cornacs. Cette opinion, bien qu'affectant une forme un peu exagérée, rend parfaitement ma pensée ; j'ai vu tant d'éléphants donner des preuves si nombreuses de leur mémoire, de la lucidité de leur raisonnement, de leur reconnaissance et de leur dévouement, qu'il m'est difficile de traiter ce colosse débonnaire et affectueux comme... un animal.

Les Indous de la côte Malabare ne l'appellent jamais autrement que *tamby* (frère, camarade).

Perché sur sa forteresse ambulante, l'Indou nous regardait approcher avec curiosité. Dès qu'il aperçut des Européens sur le dingui, il s'inclina en nous faisant le salam, et sur son commandement l'éléphant s'agenouilla en portant le bout de sa trompe à son front. Dès que nous fûmes arrivés dans la petite anse où ils se trouvaient, nous fîmes arrêter le dingui, et la conversation suivante s'engagea entre le cornac et notre tandel. Dans la version française, je lui laisse sa forme indoue.

— Salam, dit le patron du dingui, *me voici, moi*, Gopal-Chondor, fils de Chib-Chondor.

— Salam, répondit l'Indou, *me voici, moi*, Moniram-Dalal, fils de Coïleche-Mondoo-Dalal.

— Puisses-tu mourir en regardant le Gange, poursuivit Gopal ; puisse ton corps n'être porté au bûcher que par l'aîné de tes arrière-petits-enfants ; que cette transformation soit la dernière pour toi, et que la vache Kamenou, te faisant traverser le fleuve de feu, te conduise au séjour des hommes justes.

— Merci à toi qui viens m'apporter ces bons souhaits. Puisses-tu mourir dans la forêt déserte, de la mort des saints vanaprasthas — anachorètes — et que ton âme dépouillée de toute souillure, s'en aille sans passer par le séjour de Yama jusqu'au sattia-loca, et s'absorbe dans le sein de l'immortel Brahma.

— Que fait sur ce rivage le fils de Coïleche-Mondoo-Dalal ?

— Je suis depuis deux jours avec mon ami Sravana — en entendant prononcer son nom, l'éléphant fit entendre un petit grognement de satisfaction — à la recherche d'un rhinocéros qui dévaste toutes les nuits nos jeunes champs de riz ; mon maître m'a dit : Prends Sravana, et ne rentre pas sans avoir tué la mauvaise bête.

— Ne crains-tu pas, si tu viens à rencontrer le rhinocéros, interrompit M. Stevens qui parlait le bengali aussi bien qu'un natif, que la lutte ne soit fatale à ton éléphant ?

— Sravana, fit l'Indou avec un mouvement d'orgueil, lutterait contre trois rhinocéros ; bientôt la bête qui mange le nelly — riz en vert — sera tuée par Sravana.

— Tu as donc découvert sa bauge ?

— A un mille d'ici, en avant du fleuve, se trouve dans la berge une excavation naturelle, cachée par les racines d'arbres et les lianes, c'est là qu'il a établi sa demeure. Je l'attaquerai demain au lever du soleil.

Le rhinocéros, un des derniers survivants du règne antédiluvien, est encore assez commun dans les plaines du Delta du Gange, où il rencontre des pâturages sans fin et des asiles impénétrables ; quoique herbivore seulement, il est d'une extraordinaire férocité, et à part l'éléphant, qui n'a pas toujours raison de lui facilement, il ne connaît pas d'animaux qui puissent lui résister ; parfois il tombe inopinément au milieu d'un troupeau de buffles. Ces animaux, presque aussi sauvages que lui, le chargent avec impétuosité ; tous ceux qui arrivent à portée de sa corne ne se relèvent plus, en moins de rien il en fait un effroyable carnage ; le combat ne cesse que par lassitude, et longtemps après que les survivants ont disparu, il s'acharne encore sur les cadavres de ceux qu'il a éventrés.

Sa grande férocité vient à coup sûr de son peu d'intelligence ; car, pris tout jeune et élevé à l'état domestique, il est aussi doux qu'un mouton. On ne peut cependant jamais se fier entièrement à lui, car, aussi stupide que fort, il peut tuer son maître d'une caresse. Au lieu d'avoir le front large et bombé et les yeux pétillants de l'éléphant, son contemporain du règne animal, il a la tête courte et plate, et en dehors comme petitesse, de toute proportion avec son énorme corps, les yeux petits et atones : c'est, en résumé, avec la terrible défense qu'il porte sur le nez, le plus dangereux de tous les animaux féroces qu'on puisse rencontrer. Nous en avons vu deux au-dessous de Bénarès, chez un rajah qui les conservait par curiosité. Ils paraissaient très-dociles, et même affectionnés pour leurs gardiens; ils étaient en liberté dans une cour; je leur donnai un paquet de cannes à sucre; mais bien qu'ils m'eussent léché les mains en signe de remercîment, au commandement de leur maître, ils excitèrent en moi une impression nerveuse tellement grande, que je ne pus supporter leur vue au bout de quelques instants.

Il me semblait au moindre geste qu'ils allaient nous dévorer, et je fus obligée de quitter la place. Sur la face du tigre, du lion, de la panthère, de l'ours même, on peut saisir des nuances d'impression, leur férocité a des degrés d'apaisement, ils sont susceptibles d'un certain attachement pour l'homme qui les domine et les nourrit; la face des rhinocéros ne décèle rien qu'une brutalité sans égale. Ils affectionnent beaucoup les jeunes pousses de riz et de menu grain, aussi n'est-il pas rare, au moment où ces céréales sortent de terre, de voir ces animaux se rapprocher des champs cultivés qu'ils dévastent pendant la nuit...

La conversation continuait entre M. Stevens et le cornac et nous apprîmes qu'après avoir relevé la piste de l'animal pendant le jour, piste assez facile à suivre, grâce au triple sabot de son énorme pied, l'Indou s'était introduit la nuit dernière dans son repaire, pendant qu'il était en quête de nourriture, pour en reconnaître les abords et préparer son embuscade.

Engager la lutte de nuit eût été donner au rhinocéros tout l'avantage sur l'éléphant, car pour avoir raison de son implacable adversaire, le rhinocéros n'a qu'à se précipiter sous son ventre et à le lui ouvrir à coups de corne; l'éléphant doit, au contraire, amener le rhinocéros sous ses défenses tout en se garant de ses attaques, et ce n'est qu'après le plus long et le plus dangereux des assauts qu'en général il y parvient. Le jeu de l'éléphant doit être habile, tandis que l'agression de son ennemi n'est que brutale; en le privant de lumière on diminue la moitié au moins de chances de réussite de l'éléphant.

— Mais comment t'y prendras-tu, continua M. Stevens, pour faire rencontrer les deux animaux au moment le plus favorable pour Sravana, puisque le rhinocéros ne sort que de nuit et rentre à l'aube dans son réduit?

— Vous savez, saëb, que le rhinocéros, quels que soient le nombre et la force de ses ennemis, ne recule jamais.

— Oui, c'est toujours lui qui attaque le premier.

— Mais une fois rentré dans sa tanière, et pendant le jour, rien ne peut l'en faire sortir. Aussi ce soir, lorsque l'obscurité sera complète et que je serai assuré que la bête est partie pour les rizières, j'irai me mettre en embuscade avec Sravana sur la berge même, à quelques pas de sa bauge, et demain, à l'aube, quand il s'apprêtera à rentrer au gîte, nous lui barrerons le passage.

— Et où te placeras-tu pendant le combat ?

— Je resterai sur le cou de Sravana, pour l'animer et l'avertir des faux mouvements qu'il pourrait faire.

— Ne crains-tu point de tomber pendant les mouvements désordonnés de la lutte ?

Pour toute réponse, l'Indou fit approcher l'éléphant, et nous fit remarquer une large courroie en fibres de coco qui, après avoir fait le tour de son cou, se croisait sur ses reins et sur son ventre. Ce harnachement primitif, mais d'une solidité à toute épreuve, en raison de sa largeur et de la rugosité de la peau de Sravana, ne pouvait se déplacer, et était un suffisant point d'appui pour le cornac, habitué à vivre sur le dos de son ami.

C'était un magnifique animal que Sravana! Véritable colosse entre ses pareils, il venait de la sauvage province de Kattragam à Ceylan, où ses congénères vivent par milliers au milieu d'épaisses forêts qui n'ont jamais entendu le bruit de la cognée, et où l'on rencontre pour seuls habitants quelques Indiens nilmakareyas, qui les chassent, les domptent et les expédient ensuite dans l'Inde entière et jusque sur la côte de Singapour. Les éléphants des plaines centrales de l'Indoustan, quoique fort beaux, sont moins forts de taille que ceux de Ceylan.

Pendant que son cornac nous parlait, il fallait voir l'intelligent animal attacher sur lui ses petits yeux pleins de feu, tandis que ses larges oreilles, qui frémissaient sur sa robuste tête, semblaient indiquer qu'il suivait la conversation et la comprenait.

— Si les Franguys Saëbs (1), nous dit Moniram-Dalal, veulent assister à la rencontre, ils verront un beau combat, car Sravana a été dressé pour cette chasse, et il tuera le rhinocéros.

En entendant cette proposition, nous nous regardâmes tous, nous interrogeant du regard; la même pensée nous était venue; ce spectacle grandiose était bien fait pour nous séduire, mais comment pourrions-nous le contempler sans danger? Notre interprète, M. Stevens, fut chargé de poser la question à l'Indou.

— Il y a deux moyens, répondit ce dernier. Le premier consisterait à conduire au milieu de la nuit, quand le rhinocéros sera parti pour les rizières, votre dingui en face de sa tanière, de jeter l'ancre à cinquante ou soixante coudées de la berge, et de votre petit navire vous pourriez sans danger assister à la lutte, bien que la berge soit un peu haute pour vous permettre de voir commodément.

— Rien n'est plus facile, fit notre ami.

(1) L'expression des *Franguys* sert aux Indous à indiquer tous les étrangers; ce mot se prend en bonne part, par opposition à celui de *Belatti*, qui est une insulte.

— Seulement, continua l'Indou, il suffira que la bête revienne à son repaire par la rive du Brahmapoutre, pour qu'il vous aperçoive, et alors il peut arriver que votre dingui, avec sa forme étrange pour lui, l'effraye et qu'il aille chercher momentanément un autre abri dans la jungle.

— Et le second moyen ?

— Le second, sans être plus dangereux, ne serait pas bon pour les amas (dames).

— Voyons toujours.

— Près de l'épais fourré où le rhinocéros se retire, se trouve un bosquet de boababs, il y en a de si gros que trente kalpas (coudées) n'en feraient pas le tour ; au centre de chacun de ces arbres, d'où partent les branches, la mousse s'est amoncelée depuis des siècles, et forme un large plateau sur lequel plus de dix personnes pourraient tenir à l'aise ; souvent en accompagnant les collecteurs (1) anglais au-dessus de Dakka, je les ai vus s'installer à quatre ou cinq pour déjeuner, sur des arbres semblables.

(1) Sortes de receveurs généraux faisant aussi fonctions de gouverneurs de provinces.

— Et ce serait là que tu te proposerais de nous placer ?

— Vous pourriez venir avec moi une heure ou deux avant le lever du soleil ; en montant sur le dos de Sravana, vous atteindriez facilement le cœur de l'arbre, et vous seriez là plus en sûreté encore que dans votre dingui.

Ainsi que l'avait prévu l'Indou, ces messieurs déclarèrent le projet impraticable à cause de nous. D'un autre côté, ils ne voulaient point l'adopter pour eux, ne pouvant nous laisser seules à bord ; leur conclusion fut donc qu'il n'y fallait plus songer.

La curiosité, je dois le dire, nous débordait au point de nous faire perdre de vue tout danger ; aussi, après nous être consultées, déclarâmes-nous, Mme Stevens et moi, que nous voulions tenter l'aventure.

A tous les raisonnements nous répondions invariablement :

— Si le cornac a dit vrai, nous serons aussi en sûreté que dans notre cabine, pourquoi alors nous priver de cet émouvant spectacle ?

On eut beau nous dire que l'émotion pourrait

nous être funeste et cent autres choses semblables, nous repoussâmes l'objection, en soutenant avec raison, que toutes les femmes dans l'Inde assistaient aux chasses aux tigres, enfermées dans le haoudah des éléphants, que nous y avions assisté nous-mêmes, et que nos nerfs, puisque c'est toujours cette partie faible que l'on fait valoir contre nous, étaient depuis longtemps émoussés par la vue habituelle des fauves.

Nous fîmes tant et si bien que, sans se rendre encore, ces messieurs demandèrent à Moniram-Dalal à quelle distance se trouvait située la bauge du rhinocéros, et si, comme nous avions encore une heure de jour environ, on ne pourrait pas envoyer notre tandel ou Tchi-Naga inspecter les lieux.

Le cornac répondit que les baobabs étaient situés tout à fait sur l'extrême rive du fleuve, à environ trois cents kalpas de la bauge, qui était elle-même distante de nous d'environ un mille, mais qu'il ne fallait pas songer à s'y rendre avant que la nuit ne fût bien établie, pour ne pas donner l'éveil à l'animal; il ajouta que, depuis deux jours, il se cachait lui-même dans la petite anse du fleuve où nous l'avions surpris.

Il fut décidé que Moniram-Dalal accompagnerait, sur les onze heures du soir, Tchi-Naga, notre bohis en qui nous avions plus de confiance qu'au tandel qui, comme marin, ne connaissait rien à la vie des jungles, et que nous attendrions son retour pour prendre une décision.

Nous convînmes également de ne pas faire de lumière à bord, bien que nous fussions parfaitement cachés par les nombreux circuits du fleuve.

La nuit vint.

Le dîner, qui se composa uniquement de quelques conserves, fut silencieux, et nous nous jetâmes immédiatement, ma compagne et moi, sur les sofas du salon pour prendre à tout hasard quelque repos.

Je ne veux pas faire parade de bravoure, aussi ne fais-je aucune difficulté d'avouer qu'il nous fut impossible de fermer les yeux ; nous revînmes sur le pont. Ces messieurs fumaient leurs cigares, appuyés sur le bordage, sans échanger une parole. On n'entendait que le bruit monotone du fleuve, qui coulait avec ce murmure indéfinissable, qui m'a toujours paru plein d'une mystérieuse mélancolie.

A deux pas de nous, sur la berge, une masse noire était accroupie dans les herbes, c'était Sravana ; son cornac causait à voix basse avec nos macouas.

Nous allions rentrer dans le salon, lorsqu'un hurlement prolongé, assez semblable au beuglement du taureau, mais plus sauvage, éclata dans le lointain. Nous tressaillîmes, un frisson me parcourut le corps, un nouveau cri se fit entendre aussitôt, mais plus éloigné que le premier, puis tout retomba dans le silence.

Le cornac s'était rapproché de nous.

— C'est le rhinocéros qui essaie sa voix au départ, nous dit-il, il s'est décidé à sortir bien tard ce soir.

— Nous lui demandâmes s'il pouvait juger de la direction que l'animal avait prise.

— Il s'en va à six milles d'ici ravager nos rizières qui commencent au sortir de la forêt.

— Qu'est-ce qui te le fait supposer ? lui dit M. Stevens.

— C'est que cette forêt n'est pas son lieu de résidence habituelle; nous n'avons ici des rhinocéros que par exception, ils montent des plaines marécageuses des Saunderbonds pour venir manger le riz en vert dont ils sont très-friands ; aussi ne les rencontre-t-on jamais ni par bandes, ni même par couples. Ils vont isolément chacun où l'instinct le pousse ; comme tous les autres, celui-ci est venu pour manger du riz ; il ne peut donc prendre que le chemin des rizières.

A l'heure convenue, notre brave Tchi-Naga partit avec Moniram-Dalal, qui adressa quelques paroles à Sravana pour l'engager à attendre paisiblement son retour ; le brave animal, qui n'avait pas bronché au cri du rhinocéros, tellement il était bien dressé, répondit à son maître par un petit grognement plein de caresses, et le cornac et notre bohis disparurent dans la forêt.

Une heure s'écoula sans que rien ne vînt troubler le silence de notre solitude ; nous perçûmes bien à un moment donné, quelques sons indéfinissables que Gopal-Chondor nous assura être des hurlements de panthère noire ; mais ils venaient d'une telle distance, qu'il était bien difficile d'en distinguer la provenance.

Plus la nuit s'avançait, plus je sentais mon

émotion grandir, et si je l'eusse osé, je serais revenue sur ma décision. J'espérais que le retour de Tchi-Naga mettrait fin naturellement à notre projet.

Il n'en fut rien !

En arrivant, le bohis nous fit un rapport de tout point semblable à celui de Moniram-Dalal.

Il avait visité trois baobabs et fait choix d'un, dont la plate-forme de l'entre-branches était assez large pour nous tenir fort à l'aise tous les quatre assis ou couchés ; de plus, l'arbre choisi était à une distance de plus de deux cents pas du repaire du rhinocéros, et tout à fait sur les bords de l'eau dans laquelle trempait même l'extrémité de ses basses branches ; en cas d'échec de l'éléphant, car il fallait tout prévoir, notre bohis ajoutait qu'il nous serait facile de gagner le dingui, qui devrait au point du jour atterrir sous l'arbre, et de nous échapper sans éveiller l'attention de la bête qui, du reste, en supposant qu'elle fût victorieuse, ne pouvait pas sortir d'un pareil combat, dans un état à nous inquiéter beaucoup.

Ces paroles du bohis nous rendirent un peu d'assurance ; aussi à la question qui nous fut posée, pour savoir si nous persistions dans notre premier dessein, répondîmes-nous par une affirmation qui n'était point trop forcée.

La lassitude et la fraîcheur de la nuit nous avaient calmées, car nous dormions d'un profond sommeil, lorsqu'on vint nous avertir qu'il était temps de partir.

Il pouvait être trois heures du matin.

Le cornac chargea nos provisions sur le dos de Sravana et prit les devants pour la forêt.

Nous fîmes mettre à l'eau le petit canot du dingui, car il était moins dangereux pour nous de nous rendre à destination par le fleuve qu'en suivant la voie de terre.

Nous n'emmenions avec nous que notre bohis Tchi-Naga et deux macouas pour ramer. Gopal-Chondor reçut l'ordre de ne laisser descendre personne du bord ; nous ne jugeâmes pas à propos de lui donner la consigne de remonter le fleuve au point du jour pour venir accoster près du lieu du combat ; le canot que nous devions garder avec nous était facile à cacher sous les arbustes qui garnissaient la berge, et devait suffire à assurer notre tranquillité.

Nous partîmes...

Les deux robustes macouas, courbés sur leurs avirons, faisaient voltiger notre embarcation presque sans bruit; la lune se leva au milieu de notre course, illuminant tout d'un coup les sommets des grands bois, pendant que la nappe immense du fleuve était encore dans l'obscurité. Bientôt le flot de lumière envahit tout le Brahmapoutre, et nous ne pûmes retenir un cri d'admiration en face de ce large ruban d'argent, dont les contours sinueux, fortement dessinés par des forêts séculaires, présentaient le plus merveilleux paysage de nuit que l'on puisse rêver.

Au bout d'environ vingt minutes, Tchi-Naga, qui tenait la barre, nous échoua sur un lit de sable, en face d'une berge en pente douce dépourvue d'arbustes, et qui formait comme un passage naturel qui permettait de monter facilement dans la forêt.

— Hâtez-vous, nous dit d'en haut une voix que nous reconnûmes pour celle du cornac

Moniram-Dalal, il n'est pas bon de s'arrêter trop longtemps ici.

M. Stevens lui ayant demandé l'explication de ces paroles, il répondit :

— Ce passage est un abreuvoir des fauves.

— Pourquoi nous y as-tu fait conduire ?

— Je l'ai indiqué à votre bohis parce c'est le seul endroit, à plus d'un mille en amont ou en aval du fleuve, où la berge s'abaisse suffisamment pour permettre de débarquer; voici au surplus les baobabs dont je vous ai parlé ; vous voyez qu'en cas d'alerte, vous ne pourriez pas être plus près de votre embarcation.

Les arbres, en effet, n'étaient guère à plus de cinq pas de nous.

— Ce n'est pas que vous ayiez rien à redouter, continua le cornac, la présence de Sravana suffisant à tenir à une respectueuse distance tous les dangereux hôtes de la jungle ; cependant une panthère noire, un ours des marais, pourrait tomber à l'étourdie au milieu de vous, et il vaut mieux ne point stationner trop longtemps dans ce chemin creux.

Nous enjoignîmes aux macouas de se cacher

avec l'embarcation dans les hautes herbes, un peu au-dessous du passage, tout en restant à portée de la voix ; ils devaient accourir au premier signal.

Nous nous hâtâmes alors de gagner le sommet de la berge, où Moniram-Dalal nous attendait avec l'éléphant.

Tchi-Naga s'était déjà élancé dans l'arbre qu'il avait choisi, pour s'assurer que l'épais tapis de mousse de l'entre-branches ne contenait aucune cavité qui eût pu servir de demeure à des scorpions et à des serpents. Son inspection terminée, il garnit toute la plate-forme intérieure avec des couvertures et redescendit nous annoncer que notre gîte était prêt. Il fut décidé que ma compagne et moi monterions les premières.

Au commandement de son cornac, Sravana s'agenouilla au pied de l'arbre, et présenta le bout de sa trompe recourbée ; j'y mis le pied selon les indications de Moniram, et saisissant la courroie du harnachement dont je m'aidai pour maintenir mon équilibre, je me laissai soulever par l'intelligent animal jusqu'à la hauteur de son cou, sur lequel je pris place. Mme Stevens me suivit. Le cornac, assis sur la tête du colosse, lui ordonna de se relever lentement, ce qu'il fit avec une sollicitude telle, que nous ne ressentîmes pas la moindre secousse. A un second commandement, Sravana appuya ses robustes épaules contre le boabab ; nous nous levâmes guidées par l'Indou. L'ouverture pour entrer dans l'arbre ne se trouvait pas à plus de cinquante centimètres au-dessus du dos de notre monture; d'une seule enjambée nous gagnâmes l'intérieur, assez spacieux pour nous permettre même de nous y coucher en cas de besoin. Quelques minutes après, ces messieurs étaient près de nous.

Tchi-Naga s'installa sur un arbre voisin.

Pour le cas peu probable, mais qu'il fallait cependant prévoir, où l'éléphant serait vaincu par le rhinocéros, nous avions emporté deux longues tresses en fibres de coco qui, passées sous nos bras, devaient servir à nous descendre du boabab, et à gagner l'embarcation qui pouvait accoster jusqu'à nos pieds. Cette opération ne présentait aucun danger, car elle devait se pratiquer en plein jour, et le rhinocéros, en admettant qu'il fût vainqueur, n'aurait rien de plus pressé que de regagner son repaire. Si, contrairement à notre attente, il se retirait de la lutte sain et sauf et que nous apercevant il vînt charger contre notre inexpugnable forteresse, une seule balle explosible à bout portant dans la gueule, l'œil ou l'oreille, qui sont ses trois seules parties vulnérables, devait en avoir raison avec la plus grande rapidité.

Moniram, qui était resté sur la tête de Sravana, conversait avec nous à voix basse en attendant le moment de prendre position. Il était insouciant et plein d'assurance, comme sont la plupart des Indous au moment de jouer leur vie; fatalistes convaincus, la mort leur cause peu d'effroi ; ils la regardent comme un moyen employé par la divinité pour les rappeler à elle.

Lorsque la ligne de conduite que nous devions tenir fut bien arrêtée, nos précautions prises et nos préparatifs terminés, le jour n'allait pas tarder à paraître.

La situation était étrange, pleine d'émotions inconnues, le cœur me battait à tout rompre et cependant je constatai que, plus nous approchions du dénoûment, plus mes craintes disparaissaient sous le coup d'une excitation nerveuse qui doublait mes forces; il y avait à peine une heure, j'eusse salué avec joie tout événement qui serait venu nous forcer de renoncer à notre dessein, en ce moment j'appelais de tous mes vœux le lever du soleil et l'apparition du monstrueux adversaire de Sravana.

— L'horizon va blanchir à l'est, nous dit tout à coup Moniram-Dalal, et bientôt les rayons de la chevelure d'Indra illumineront la forêt; puis-je donner un conseil aux saëbs?

— Parle, répondit M. Stevens, notre interprète ordinaire.

— Avant de me rendre à mon poste avec Sravana, je veux vous prier, quoi qu'il arrive, de ne pas faire un seul geste, de ne pas pousser un seul cri!

— Nous serons aussi immobiles que les branches de ce baobab.

— Je voudrais bien aussi vous adresser une autre demande.

— Nous t'écoutons.

— Si Sravana est tué, je le serai aussi.

— Eh bien ?

— Les saëbs permettront-ils à Tchi-Naga, qui est de ma caste, de recueillir mon corps et d'accomplir sur mon bûcher les cérémonies funéraires ?

— Il sera fait selon ton désir.

— Je voudrais aussi qu'en remontant à Dakka, les saëbs consentissent à s'arrêter à Vellypoor, chez mon maître, pour lui dire que je ne me suis pas enfui avec Sravana, mais que nous avons été tués par la mauvaise bête qui mange le nelly.

— Nous ferons ce que tu demandes, mais comment s'appelle ton maître ?

— Le major Daly.

— Le major Daly ! fîmes-nous tous quatre à la fois, au comble de l'étonnement.

— Oui, c'est lui qui m'a envoyé ici.

— C'est précisément chez lui, à Vellypoor, que nous allons.

— Alors les saëbs lui diront ce qu'ils auront vu.

— Nous espérons bien arriver avec toi chez le major, et rendre témoignage de ta bravoure et de celle de ton brave camarade.

— Sravana tuera le rhinocéros, à moins que les dieux n'aient fixé ce jour pour rappeler à eux le fils de Coïleche-Mondoo-Dalal. Salam, saëbs, voilà le soleil qui paraît.

En disant ces mots, le brave cornac, quittant la tête de l'éléphant, s'accroupit sur son cou en ramenant la courroie du harnachement sur ses deux jambes, pour lui servir de point d'appui.

D'un seul claquement de lèvre il donna le signal à Sravana, qui se dirigea en se dandinant, comme s'il allait faire une simple promenade, du côté de la bauge du rhinocéros.

Arrivés à cent mètres environ de nous, ils s'arrêtèrent, et nous entendîmes le cornac adresser au noble animal une allocution amicale dans laquelle, lui rappelant ses prouesses passées, il l'engageait à se montrer digne de sa réputation.

L'éléphant arracha une branche de liane en fleurs qui pendait au-dessus de sa tête, et se mit à la tordre autour de sa trompe par manière de passe-temps; parfois il tournait légèrement la tête du côté de la bauge du rhinocéros, et en percevant les émanations qui s'en échappaient, il renâclait sourdement et frappait du pied la terre. Le cornac alors l'apaisait par quelques paroles.

Avec le soleil, s'étaient levés des milliers d'oiseaux : grands aras blancs à crête rouge, perruches de toutes les nuances, bengalis mouchetés, boulbouls à huppe, piverts, épeiches au long bec, oiseaux-mouches aussi brillants que des topazes, etc..., tout cela courait, voltigeait, sautait de branches en branches, animant le feuillage par ses cris joyeux, et les couleurs magiques de son plumage.

Cette nature ensoleillée, pleine de parfums et de chants, contrastait singulièrement avec les pensées qui nous agitaient.

Dix minutes s'étaient à peine écoulées, depuis que Moniram-Dalal avait pris sa position de combat, que nous entendîmes dans le lointain un rugissement semblable à ceux de la veille, mais si faible que celui qui l'avait poussé devait être à une distance considérable encore.

— Voici la bête ! s'écria le cornac, et se prosternant sur le cou de l'éléphant sans dégager ses jambes des courroies et portant les deux mains au front, il prononça l'invocation suivante :

O Vischnou! vous qui avez purgé la terre des monstres qui la désolaient, vous qui avez châtié le serpent Caly et anéanti le géant Kayamangasaura, prêtez-moi votre assistance!

Les rugissements continuaient à intervalles inégaux, et nous suivions avec une curiosité exaltée la marche du terrible animal, à l'ampleur qu'ils prenaient de minute en minute. Tout à coup, il fit son apparition sous les baobabs, se dirigeant lourdement et à petits pas du côté de son repaire... Nous ne songions guère à nous communiquer nos impressions.

A la vue de l'horrible bête, je sentis le sang m'affluer au cerveau; pendant quelques secondes, un nuage me passa devant les yeux, les oreilles me bourdonnèrent; mais ce ne fut qu'un éclair, la vivacité même de l'impression fit la réaction plus rapide, et je recouvrai un sang-froid relatif.

Le rhinocéros ne se doutait pas encore de la présence de l'éléphant. Il ouvrit la gueule, comme pour envoyer un dernier cri à la forêt avant de se précipiter dans sa bauge, mais il s'arrêta net...

Il venait d'apercevoir son ennemi.

Sravana était superbe à voir!

A part un mouvement saccadé d'oreilles qui décelait la plus violente colère, le colosse paraissait calme, et de sa trompe continuait à jouer avec la liane en fleurs.

Le mangeur de nelly, comme l'appelait le cornac, paraissait digne de son adversaire; il était énorme et dans toute la force de l'âge; quoique moins élevé d'un tiers que l'éléphant, il semblait presque aussi long et aussi gros, et possédait de plus, cette terrible corne mieux placée pour la lutte que les défenses de son ennemi.

Le moment d'hésitation dura peu: le rhinocéros se précipita, tête baissée, en rugissant dans la direction de l'éléphant; ce dernier ne broncha pas, mais quand l'assaillant ne fut plus qu'à trois pas de lui, sautant sur lui-même avec une agilité incroyable de la part d'un pareil animal, il lui envoya une telle ruade que le rhinocéros en ploya sur les genoux. Ce dernier se remit avec rapidité et continua l'assaut; deux fois il tenta de pénétrer sous le ventre de l'éléphant; deux fois il fut repoussé de la même manière. Je re-

nonce à dépeindre les cris, les hurlements qui accompagnaient la lutte. Sravana, muet en commençant, avait fini par se mettre de la partie et sa grande voix emplissait toute la forêt.

En voyant comment le rhinocéros recevait les coups de son terrible adversaire, sans faiblir, nous craignions à tout moment qu'un faux pas, une manœuvre hasardée de ce dernier ne le lui livrât. Si l'éléphant le laissait pénétrer sous son poitrail, c'en était fait de lui.

A une troisième tentative, Sravana, doublant sa riposte, fit rouler le rhinocéros sur l'herbe, il se précipita les défenses en avant pour les lui plonger dans le corps et le maintenir sous ses pieds puissants. Son ennemi était déjà relevé, mais il put, grâce à un étourdissement momentané, le saisir de la trompe par la corne. Voyant le danger, le rhinocéros s'arc-bouta des quatre pieds et pendant quelques instants l'éléphant essaya vainement de l'attirer sous lui. Jusqu'à ce moment l'éléphant, quoique échauffé par la lutte et la haine invétérée qu'il porte à tous les animaux sauvages, même à ceux de sa propre espèce, n'était pas entré dans une de ces terribles fureurs auxquelles rien ne résiste; il obéissait à la direction de Moniram-Dalal qui, cramponné sur son cou, le forçait à ménager ses forces, en laissant son adversaire s'épuiser par d'inutiles assauts. Mais à ce jeu-là Sravana s'était monté peu à peu, et bientôt son cornac, le voyant au degré voulu d'excitation, le laissa maître de terminer le combat à son gré.

— Po! s'écria-t-il d'une voix retentissante, en avant!

En entendant cette parole, l'éléphant lâcha subitement le rhinocéros, et, se mettant à bondir autour de lui, lui administra une véritable pluie de ruades, au milieu desquelles la terrible bête, ne trouvant pas le moyen de joindre son ennemi, commença à hurler de douleur. Au bout de dix minutes environ de ces terribles assauts, pendant lesquels les feuilles, la mousse et les branches d'arbres, tourbillonnaient autour des deux combattants, Sravana saisit de nouveau son adversaire par la corne, et d'un effort suprême le coucha sur le côté; à peine ce dernier avait-il cette fois touché terre, que les deux défenses de l'éléphant le clouaient sur le sol, et l'on vit aussitôt la tête du colosse vainqueur se lever et s'abaisser avec rage, broyant les os, fouillant les entrailles de son ennemi désarmé.

Debout sur son courageux compagnon, Moniram-Dalal poussa un frénétique hurrah !

Je détournai la tête.

Le rhinocéros ne rugissait plus... il agonisait sous les coups furieux de son ennemi, ses dernières plaintes avaient revêtu un singulier caractère de douceur... J'aurais voulu Sravana plus généreux dans la victoire. Lorsqu'il se décida à s'arrêter, il n'avait plus sous lui qu'un amas de chairs et d'ossements. Quand nous fûmes descendus du baobab, à l'aide de la colonne vertébrale, d'un fémur et d'un tibia du rhinocéros, nous pûmes rétablir la taille de l'animal et la mesurer ; il portait quatre mètres trente de longueur, sur deux mètres vingt-cinq de hauteur.

Moniram-Dalal lui coupa la corne et les sabots des quatre pieds pour les porter à son maître.

Après cette nuit de veille et d'émotion, le corps demandait obstinément à réparer ses forces ; nous expédiâmes l'ordre à Gopal-Chondor de venir s'amarrer en face de nous. Le temps était splendide et nous résolûmes de déjeuner sur le lieu du combat.

Les deux filets de la victime, qui n'étaient point trop abîmés, furent retirés par les soins de notre cuisinier Anandrayen. Une partie ayant été mise dans le sel afin de la conserver pour les jours suivants, l'autre fut suspendue à une branche au-dessus d'un feu de bois, et nous procura un succulent rôti.

La chair du rhinocéros, qui ne se nourrit que d'herbages, est excellente et ressemble à celle du bœuf, à laquelle on aurait ajouté un peu de cet arrière-goût musqué qui distingue la chair de la chèvre; ce parfum disparaît sous les condiments et assaisonnements incendiaires de la cuisine indoue, et cet aliment est en somme fort acceptable.

Lorsque le dingui eut accosté à l'abreuvoir des fauves, station sans danger en plein jour, l'aya de Mme Stevens et ma fidèle Anniama accoururent tout en pleurs se jeter à nos pieds.

Ayant entendu les rugissements que poussaient les deux animaux pendant la bataille, les deux pauvres créatures nous croyaient mortes, et les macouas endiablés, se faisant un jeu de leur terreur, leur avaient conté les histoires les plus épouvantables ; ignorantes et crédules à l'excès, elles y avaient ajouté foi, et s'imaginaient ne plus nous revoir.

Nous donnâmes un demi-sac de riz — environ 25 livres — à Moniram-Dalal pour son déjeuner et celui de Sravana, qui, comme tous ses pareils, était très-friand de cette nourriture. Le cornac l'ayant vidé dans la grande marmite des macouas que ces derniers lui avaient prêtée, et y ajoutant des piments, des tomates sauvages qui croissaient en foule dans la forêt, un peu de poisson fumé que nous lui avions donné, du safran, du gingembre, de la coriandre, de l'anis sauvage et du lait de coco exprimé de l'amande râpée — se mit en devoir de confectionner un énorme carry qu'il devait partager avec son compagnon.

Pendant tout le temps de la cuisson, Sravana, entièrement calmé, ne fit que se promener autour de l'immense marmite, humant le fumet qui s'en échappait, et adressant à son cornac une foule de caresses pour le prier de hâter l'événement. Il fallait voir comme il faisait cligner benoîtement ses petits yeux, adoucissant sa voix, prenant des postures suppliantes ; on n'eût pas dit le terrible adversaire du rhinocéros, dans cet animal gourmand qui s'épuisait en amicales démonstrations, pour obtenir un peu de riz, d'un homme qu'il eût broyé d'un geste.

De quelle pâte est donc formée l'intelligence de ce géant, qui, quinze jours après avoir été pris dans les jungles, passe de la vie sauvage à la vie civilisée, et non-seulement, ne cherche plus à retourner dans les forêts séculaires où s'est écoulée sa jeunesse, mais encore, à la voix seule de l'homme, se bat contre ses congénères pour leur ravir leur liberté. La force ne saurait le réduire, et il obéit à un enfant, à une femme ; ami de tout ce qui est petit et faible, il ne retrouve sa force et sa férocité que contre les ennemis de celui qui l'a réduit en esclavage.

Pourquoi aime-t-il cet esclavage volontaire, lui à qui il suffirait de vouloir, pour regagner les vastes solitudes et les grands pâturages des jungles ?

Les Indous qui prétendent que Dieu crée par des transformations progressives, que l'âme monte graduellement de l'imparfait au plus parfait, disent :

Que l'éléphant est la dernière étape de l'âme, avant de passer dans la forme humaine.

Moniram-Dalal et Sravana nous quittèrent après déjeuner, et le cornac promit de faire bonne diligence pour annoncer notre arrivée à son maître.

Peu d'instants après, la brise étant favorable, notre dingui reprenait sa course sur le Brahmapoutre; le soir même nous quittions ce fleuve pour entrer dans le vieux Gange, et le lendemain, sans autres péripéties, sur les dix heures du matin nous touchions à Vellypoor.

Le major et mistress Daly nous attendaient sur la plage.

TROISIÈME PARTIE

VELLYPOOR — LE VIEUX GANGE — DAKKA

III

Vellypoor. — Le vieux Gange. — L'habitation du major. — Fête de nuit. — Un rapsode indou. — Le conte des quatre brahmes fous. — Une chasse aux tigres à dos d'éléphant.

L'habitation du major était située sur la rive gauche du vieux Gange, et ses immenses propriétés s'étendaient entre ce bras du fleuve et une autre branche du Delta, à plus de dix lieues dans l'intérieur.

J'ai déjà expliqué sa position. Il était concessionnaire à titre de mirasdar, exerçait sur le sol tous les droits du propriétaire envers le fermier, pouvait augmenter ou diminuer les redevances, mais n'avait pas le droit de remplacer sur telle ou telle parcelle de champ, un *raiot* par un autre, à moins que ce dernier n'abandonnât lui-même le terrain. Les droits du mirasdar et du raiot, sont pour ainsi dire soudés les uns aux autres. L'un est propriétaire en vertu de sa concession de l'État, l'autre est usufruitier ; seulement le pauvre raiot est obligé de donner au mirasdar, la part de son usufruit que ce dernier fixe lui-même. Les plus raisonnables prennent la moitié ; d'autres les deux tiers ; il en est même qui vont jusqu'à exiger les trois quarts. Il n'est pas rare de voir, dans ce cas, des villages entiers abandonner les terres que leurs familles cultivaient depuis des siècles, et préférer la vie errante dans les bois à cette odieuse exploitation, qui ne leur laisse même pas de quoi vivre.

Quand l'Indou donne la moitié de sa récolte brute, il a de quoi vivre abondamment, conserve des semailles, et peut revendre suffisamment de riz pour se procurer quelque aisance.

S'il est obligé d'en abandonner les deux tiers, il ne lui reste que juste pour subvenir à sa nourriture.

Si l'on exige de lui les trois quarts, il meurt de faim.

Au-dessous des *raiots* ou petits fermiers, se

trouvent les coolies ou ouvriers agricoles. Ces pauvres gens se louent pour un modique salaire, et sont chargés des travaux les plus pénibles des champs, comme l'arrosage des rizières, le curage des étangs, le transport à dos des engrais. Moyennant une somme de seize à vingt-quatre roupies par an — quarante à soixante francs — ils doivent tout leur temps à leur maître, souvent plus misérable qu'eux, et sont obligés de se nourrir et de se vêtir.

Les jeunes gens de cette caste n'ont pas l'espoir de pouvoir jamais amasser une somme suffisante, pour parer à toutes les dépenses des fêtes de mariage, que la religion et la coutume imposent; d'ordinaire, dès l'âge de douze ans, ils se louent pour sept ans sans demander de gages, stipulant que leur maître, ce laps de temps écoulé, sera tenu de leur procurer une femme dans leur caste, et de faire toutes les dépenses du mariage.

Le faible salaire des coolies ne peut suffire à les nourrir avec leurs femmes et leurs enfants; pour y suppléer, ces derniers s'en vont errer sur les bords des rivières, des étangs et des bois, où ils rencontrent certaines espèces d'herbages, de racines, ainsi que des jeunes pousses de bambous, qu'ils font bouillir la plupart du temps sans sel et avec un peu de piment, et qui composent toute leur nourriture, pendant plus de six mois de l'année... et cependant tous ces malheureux travaillent du lever au coucher du soleil!

Quand ils meurent, leurs parents n'ont point les moyens de faire les frais d'un bûcher, et leur corps, recouvert seulement d'un peu de terre, devient la proie des chacals et des oiseaux immondes.

Malgré cela, on ne les entend jamais se plaindre; ils supportent leur sort avec un fatalisme plein de résignation, dans la persuasion où ils sont, *que ce qui est doit être*, et qu'ils n'arriveront à une meilleure situation, qu'à la suite de nombreuses transmigrations dans des corps plus parfaits.

— Nous aussi, disent-ils parfois avec un triste sourire, nous deviendrons *mirasdars*.

A l'encontre des peuples d'Europe, qui veulent vivre et arriver vite, ils se complaisent dans cette pensée, qu'après la série des *renaissances obli-*

gées, ils seront, à leur tour, les maîtres de ces champs qu'ils cultivent et fécondent de leurs sueurs. Pour le moment ils se considèrent comme des êtres inférieurs... Là est tout le secret de leur patience. J'ai peu connu de mirasdars, sachant concilier leurs intérêts avec leurs devoirs d'humanité.

Notre ami, le major Daly, était une de ces exceptions qu'on aime à citer; d'une droiture chevaleresque, de mœurs austères, plein de compassion pour les misères qui l'entouraient, il faisait tache au milieu de tous ces grands vassaux de l'Inde anglaise, dont l'unique souci est d'augmenter les redevances qui soutiennent leurs luxueuses prodigalités.

En moins de trois ans, il avait changé complétement la face de sa concession.

Partout s'étaient élevés des villages pour les coolies; au lieu de laisser les femmes et les enfants vivre au hasard, de racines sauvages et de légumes insalubres, il leur faisait fabriquer des nattes avec les rotins de la jungle, et se chargeait lui-même d'en faire opérer la vente à Calcutta.

Il avait divisé le rendement de son immense propriété de la manière suivante :

La récolte de riz et d'indigo s'élevait, année commune, à la somme de cinq millions.

Il abandonnait aux *raiots* six dixièmes, soit trois millions ; ses redevances à l'État s'élevaient à un dixième et demi, soit sept cent cinquante mille francs.

De lui-même, en augmentation du salaire que les *raiots* donnaient à leurs coolies, il avait accordé à ces derniers un dixième, soit cinq cent mille francs, qu'on leur distribuait en riz.

Il lui restait pour lui un dixième et demi, soit sept cent cinquante mille francs.

Tout autre mirasdar eût tiré de cette propriété trois millions, et *raiots* et coolies eussent travaillé en souffrant de la faim.

Trouvant encore ce revenu trop élevé pour ses besoins, le major en consacrait près d'un tiers à payer les dépenses de mariage des jeunes coolies qui se conduisaient bien, et surtout, faveur inestimable pour les Indous, à soustraire leurs morts aux profanations des fauves, en leur procurant des bûchers.

Lorsqu'il nous racontait tout cela en dînant, le premier soir de notre arrivée, je me sentais doucement émue ; c'est surtout dans l'Inde, contrée où la race conquérante ne se distingue que par son âpreté et ses vices, que la vue d'un honnête homme repose de toutes les turpitudes dont on est obligé de supporter le voisinage.

Dans toutes ces œuvres de bien, il était admirablement secondé par Mme Daly qui, à un cœur sensible, joignait toutes les vertus simples et douces, qui sont le plus bel ornement de la femme et le meilleur soutien du mari dans la voie de la moralité et de l'honneur.

Ils étaient adorés de leurs Indous.

Pendant les deux mois de notre séjour à Vellypoor, j'ai été frappée du grand air d'aisance qui régnait sur toutes les parties de l'immense propriété que nous avons pu visiter ; les villages étaient propres et coquets, les travailleurs bien portants, les femmes heureuses, et les paillotes (1) pleines d'enfants. La maison du major était construite dans un des sites les plus gran-

(1) Petites chaumières en paille.

dioses que j'aie jamais vus ; assise sur la rive gauche du vieux Gange qui roulait ses eaux dans un lit large de plus d'un mille, elle était entourée d'une forêt de multipliants gigantesques, dont tous les arbres s'étaient pour ainsi dire soudés les uns aux autres par l'entrelacement de leurs branches, qui couraient sur la terre en ondulations capricieuses, et prenaient racines par tous les rameaux qui venaient à toucher le sol ; et sur tous ces arbres des milliers de lianes de différentes couleurs grimpaient en spirales, mêlant leurs feuillages et leurs fleurs à ceux de leurs tuteurs.

De l'autre côté du fleuve s'étendaient les grands bois et les jungles sans fin, asiles mystérieux de tous les plus terribles animaux de la faune indoue. Lorsque du haut de la terrasse, on portait ses regards sur le fleuve majestueux, et sur ces océans de verdure, à l'heure où le soleil des tropiques verse ses adieux du soir en des torrents de lumière sur cette nature enchanteresse, on sentait s'élever en soi cet éternel cantique que l'âme adresse à la sagesse infinie, et qui, quoi qu'on en dise, double les heures de joie et console des heures de souffrance.

Au delà de la forêt des multipliants, commençait l'immense plaine verte que cultivaient les *raiots*.

Après quelques instants de serrements de mains, d'amicaux épanchements, et de compliments sur notre fidélité à nos promesses, on nous avait indiqué nos appartements ; nous avions grand besoin de nous retrouver dans des lieux civilisés.

Le dîner nous réunit de nouveau.

On se ferait difficilement une idée des splendeurs du repas du soir dans l'Inde.

La table était surchargée de cristaux, de vaisselle plate, de vieilles porcelaines de Chine et du Japon, de bouquets de fleurs, de pyramides de fruits, de gâteaux, de crème aux fruits parfumés, de compotes d'ananas, de letchis et de goyaves; le tout entremêlé avec un art savant, de pickles, de chatnys, de conserves au piment, et des condiments les plus variés. Sa largeur permettait de servir en même temps tous les plats des trois services, hors les rôtis que l'on conservait en broche pour les servir à point.

Ne croyez pas que les plats ainsi servis d'avance puissent en souffrir ; chacun est établi sur un support en argent, garni d'eau bouillante maintenue en cet état par une petite lampe à alcool dissimulée dans le pied. De tous côtés brûlaient des bougies parfumées, dans des verrines de cristal montées sur des supports d'argent.

Au-dessus de cette immense table, un volumineux pankah garni de franges en paille tressée de vetyvert, suspendu au plafond par des cordes de soie, se préparait à envoyer à nos poumons un air frais et réparateur.

Lorsque j'entrai dans la salle à manger, au bras du major, le bohis, accroupi derrière un écran, imprima immédiatement au pankah, à l'aide d'une corde de rotin, un mouvement de va-et-vient qui ne devait plus s'arrêter jusqu'à la fin du repas. On ne mange à l'aise que sous cet utile instrument, qui rafraîchit et renouvelle constamment l'air.

Suivant la mode anglaise, nous étions tous en toilette de soirée. J'aime assez cette habitude, à condition qu'elle ne sera pas exagérée, d'adopter une tenue que d'aucuns trouvent peut-être un peu solennelle, pour la vulgaire fonction de manger. Je voudrais même que dans chaque famille française, quelle que soit la modicité de la position, le repas du soir, qui est une heure de réunion générale, fût entouré d'un certain décorum qui, sans bannir la douce familiarité, relèverait plus qu'on ne le croit, même les relations de famille. Je n'ai point à réformer le monde, et, le prenant tel qu'il est, j'ai toujours remarqué, que de la tenue de chaque convive, dépendait le sort général de la conversation à table. Avec un peu de solennité dans la toilette, les hommes ont plus d'attentions, plus de respect pour les femmes, et moins de galanterie; et ces dernières leur savent gré d'abandonner pour une causerie plus sérieuse, sans cesser d'être agréable, toutes ces niaiseries de convention que, de seize à quarante ans, nous sommes obligées de subir, de tout homme qui est à notre côté à table, ou nous offre son bras au bal. Dans la famille, cela empêche le laisser aller de descendre jusqu'à la vulgarité, et les enfants, toujours en quête d'observations, et qui à ce moment-là, *souvent le seul*, voient leur père et leur mère réunis, prennent, en voyant le respect et la considération dont ils s'entourent mutuellement, des habitudes et des idées qui gardent leur influence pendant tout le cours de la vie.

Derrière chaque fauteuil se trouvaient deux domestiques, l'un pour servir, l'autre pour enlever les assiettes.

Dès que nous eûmes pris place, le méti qui avait charge de servir et qui, par conséquent, occupait un rang supérieur à celui de l'autre serviteur, fit glisser nos siéges sur la natte de rotin et nous approcha de la table.

Chacun de nous ayant amené son méti et son cansama, le second Indou seul appartenait à la domesticité du major.

Au même instant, sur un signe du dobachy ou maître d'hôtel, toutes les cloches en argent qui couvraient les plats, furent enlevées et le repas commença.

Nous étions neuf personnes à table, cinq de la famille de notre hôte, dont trois enfants, et les quatre nouveaux arrivants.

Le service du dîner dans l'Inde n'affecte aucun ordre particulier; au milieu de cette profusion inouïe de mets de toutes espèces, chacun choisit un ou deux plats à sa convenance, se fait servir suivant son appétit, et s'en tient là, attendant l'apparition des carrys.

Cette abondance n'est point le produit d'un luxe de mauvais aloi, elle est nécessitée par le climat. A part le plat national des indigènes, dont je vais parler dans un instant, et dont on ne se lasse jamais, l'estomac se refuse à recevoir chaque jour des aliments à peu près identiques, ce qui, joint à la diversité des goûts, oblige à surcharger la table de mets de toutes espèces, pour que chacun en puisse trouver à sa convenance.

Lorsque le dîner européen, si je puis m'exprimer ainsi, est fini, le dîner indou commence. Poissons, volailles, gibier, conserves disparaissent de la table, et les carrys font leur solennelle apparition.

A ce moment, la jeune créole qui, depuis le commencement du repas, a sucé du bout des lèvres l'extrémité de quelque aile de faisan, qui a à peine daigné goûter, d'un air nonchalant, un peu de blanquette de crevrettes aux huîtres, se réveille ; le vieux général à la face parcheminée qui est dans l'Inde depuis trente à quarante ans, et qui ne digère plus que ses colères, oublie ses attaques de bile ; le baby, frappant dans ses petites mains, ne peut retenir ses éclats de gaieté. Tous les convives, jeunes ou vieux, se font remplir leurs larges et profondes assiettes anglaises, de riz convenablement arrosé et parfumé de sauce au carry, et tout le monde mange comme si on ne faisait que de se mettre à table, reprenant deux et trois fois du mets bienfaisant, qui vous incendie la bouche, mais donne à tous digestion facile et bonne humeur.

Ce plat se compose invariablement de riz *cuit en grains* à la mode indoue, et d'une sauce fortement assaisonnée et pimentée, dans laquelle on a fait réduire en coulis, soit des filets de poissons, soit des blancs de volaille, des ailes de perdreaux, de dindons sauvages, de coqs de jungles, de faisans, ou des jeunes canetons entiers, pris dans des filets le long du Gange.

Il y a aussi des carrys de légumes.

Nous ne fîmes pas exception à la règle commune, et le plat national avec ses parfums excitants et sa belle couleur d'or vert que lui donne le safran, fut salué avec un appétit que la première partie du repas n'avait fait que distraire.

Au bout de quelques années de séjour dans l'Inde, l'Européen arrive à faire du carry la base de son repas, et c'est le seul moyen de maintenir sa santé. Tous ceux qui refusent de s'habituer à la nourriture du pays, paient leur entêtement par des maladies de foie et des gastralgies, qui les forcent à abréger leur séjour, s'ils ne veulent abréger leur vie.

La conversation roula d'abord sur les différentes péripéties de notre voyage, mais l'événement de la soirée fut le récit des hauts faits de Sravana et de son cornac.

— Ils sont rentrés cette nuit, nous dit le major; j'ai su votre arrivée par Moniram-Dalal, qui m'a fait part dans ses moindres détails du spectacle émouvant qu'il vous avait procuré.

— Bien émouvant, en effet, répondit mon mari; à part les combats d'éléphants entre eux, dont j'ai pu voir quelques exemples dans mes voyages sur la côte sud de Ceylan, je ne connais pas de luttes plus extraordinaires.

— Sravana en est à son sixième rhinocéros, il est rare que chaque année, à cette époque, je ne l'emploie pas à cette chasse, pour débarrasser de ces dangereux visiteurs, celles de mes rizières qui confinent à la forêt.

— A-t-il été blessé quelquefois ?

— Jamais ! c'est le meilleur éléphant de combat de mon *coraly* ; j'espère vous le faire voir à l'œuvre, dans une chasse au grand tigre des marais, car vous ne quitterez pas Dakka, sans avoir connu la seule distraction que peuvent se procurer les mirasdars des Sunderbounds.

— Nous avons déjà poursuivi le tigre à dos d'éléphants dans la province du Maïssour, chez un parent de l'ancien rajah ; mais les tigres fuyaient devant nos animaux, et les chasseurs ne purent en forcer un seul.

— Les tigres du Bengale sont beaucoup plus forts et surtout plus féroces, que ceux de tout le sud de l'Indoustan ; non-seulement ils ne reculent pas, mais ils attaquent. Inutile de vous dire, pour rassurer ces dames, que nos haoudahs (1)

(1) Les haoudahs sont des espèces de palanquins que l'on

sont construits de façon à ne redouter aucun danger.

— De combien se compose votre équipage ?

— De six éléphants, sans compter Sravana, qui est le chef de l'escouade.

— A-t-il réellement quelque autorité sur ses camarades ? interrompit M. Stevens.

— Une autorité sans limite ; depuis plus de vingt ans, ils ne marchent que sous sa direction. Mon oncle, dont j'ai hérité, avait formé cet équipage de chasse, en véritable *huntsman;* chacun de ces intelligents animaux a son rôle distinct, et agit avec conscience de son action dans l'ensemble ; c'est merveilleux de les voir manœuvrer. Si un seul venait à me manquer, je ne saurais pas comment le remplacer. Quant à Sravana, sa perte serait la désorganisation complète de l'escouade, car je ne sais si je parviendrais à faire accepter facilement un autre chef de file.

Cet admirable animal nous a donné, il y a trois ans, un exemple d'intelligence tel, que je

place sur le dos des éléphants pour la chasse ou pour les voyages ; on peut s'y tenir assis ou couché.

me suis approché de lui tout rêveur, prêt à lui demander pourquoi il ne parlait pas...

— Vous avez les larmes aux yeux, dis-je au major ; faites-nous partager votre émotion.

— Bien volontiers, mesdames. Figurez-vous qu'il y a trois ans environ, ainsi que je viens de vous le dire, presque à pareille époque, un de nos amis, qui est en même temps mon plus près voisin, accourt chez moi tout éploré pour m'annoncer que sa jeune fille, âgée de cinq ans, a disparu depuis la veille; la mère est comme folle, lui n'en vaut guère mieux, et ils viennent tous les deux tomber dans nos bras, et nous demander un conseil.

Des Ierous-varous, sorte de nomades montreurs de bêtes féroces, avaient séjourné quelque temps dans le pays; l'enlèvement leur était attribué, mais il avait été impossible de suivre leurs traces.

Sravana adorait l'enfant ; chaque fois qu'Emma, c'était son nom, venait avec ses parents passer quelques jours sur l'habitation, il se constituait son gardien, la menait promener le long du fleuve ou dans les rizières, lui cueillant des fleurs et des fruits, attrapant avec sa trompe des oiseaux-mouches et des bengalis, dans le calice des feuilles de bananier; la nuit, il veillait autour de la chambre où se trouvait son berceau. Un mot, une caresse de la jeune fille avait plus de poids sur sa volonté, que tous les ordres de son cornac. En apercevant la voiture dans laquelle elle avait l'habitude de venir, il accourut avec empressement... Il fallait voir son désappointement, sa douleur, à la vue du *boggey* vide... Quelques mots que lui dit Moniram-Dalal, le firent entrer dans une violente colère. Avait-il compris? Je ne sais. Toujours est-il qu'après avoir fait retentir la forêt pendant deux jours, de ses rugissements les plus menaçants, il partit avec Moniram-Dalal, à la recherche de la jeune Emma.

Trois semaines après, il était rentré avec l'enfant sur son dos. Il avait surpris les Ierous-varous, au moment où ils allaient passer le Gange en face de Radjemahl. Leur ravir la jeune fille, prendre par le cou celui qui la portait et le jeter dans le Gange, fut l'affaire d'un instant; les misérables furent si effrayés de la brusque apparition de l'éléphant et de sa rapide agression, qu'ils s'enfuirent dans toutes les directions, sans que ce dernier, dans sa joie, songeât à les poursuivre.

Il faut entendre Moniram-Dalal raconter les marches et contre-marches de son ami, pour arriver à découvrir la piste des ravisseurs.

— Moi, je ne savais où aller, dit-il souvent; Sravana courait toujours où son instinct le guidait, et je lui parlais pour qu'il ne s'ennuyât point trop sur la route.

Soutenus par l'espoir depuis le départ de l'éléphant, les parents d'Emma passèrent à son retour de l'extrême douleur à l'extrême joie. Dans l'excès de leur reconnaissance, par un acte régulier passé devant le juge de la station, ils firent don à Sravana d'une terre moitié plantée en nelly (riz), moitié en cannes à sucre, spécialement destinée à son alimentation, et se réservèrent la charge de la cultiver.

Toutes les semaines, Sravana reçoit un chariot plein de cannes à sucre de sa propriété, et au moment de la récolte, on lui expédie religieusement son riz bien nettoyé et empaqueté dans des sacs de joncs. (Ces donations, dont la loi indoue reconnaît la légitimité, étaient fréquentes sous les anciens rajahs, qui récompensaient ainsi les services rendus par leurs éléphants à la guerre. Il n'est pas rare de voir aujourd'hui, de riches Indous laisser des sommes considérables pour les hospices d'animaux qui existent dans toutes les grandes villes de l'Inde.)

— Je vais, continua notre ami, faire dresser un autre éléphant pour la poursuite du rhinocéros, et conserver Sravana pour la chasse au tigre seulement; si un accident arrivait par malheur au noble animal, nous en serions tous inconsolables.

Notre conversation fut tout à coup interrompue par des milliers de feux de Bengale de toutes nuances, qui illuminèrent comme par enchantement la forêt de multipliants qui entourait l'habitation.

— Voilà mes *raiots*, nous dit le major, qui viennent vous souhaiter la bienvenue; vous allez assister à une fête de leur façon qui ne manquera pas d'originalité.

Depuis quelques instants, nous entendions monter jusqu'à nous ces vagues murmures qui décèlent les foules; les parfums de l'encens, du cannellier et du sandal, dont les Indous font des boules odoriférantes qu'ils brûlent sur des trépieds de bronze, nous arrivaient par bouffées intermittentes, à travers les *tattis* des fenêtres entr'ouvertes; tout décelait les apprêts d'une de ces fêtes de nuit, dont les Indous et généralement tous les Orientaux sont si friands. Bientôt les sons de la vounei et du kenhora vinrent se mêler au bruit des chants et des détonations des artifices.

Nous nous rendîmes sous la vérandah, où des siéges de toutes formes, fauteuils à supports, fauteuils-lits, fauteuils renversés, berceuses, etc., avaient été préparés afin que nous pussions jouir du coup d'œil sans fatigue.

Toute la forêt était illuminée par des lanternes bengalies et, au milieu du jeu de la lumière dans le feuillage, les Indous, qui nous apparaissaient au nombre de plusieurs mille, avec leurs habits de fête et leurs turbans bariolés, nous offraient le plus magique et le plus charmant des spectacles.

De tous côtés, des marchandes de moutais —

bonbon indou, — de carrys, de pilau au riz et aux menus grains, s'étaient installées sous les grands arbres, débitant leurs produits aux assistants, qui tous appartenant, à peu d'exceptions près, à la caste des soudras ou cultivateurs, pouvaient, sans souillure religieuse, prendre la nourriture qu'elles avaient préparée.

Chacun recevait la portion dont il faisait emplette, dans une large feuille de bananier, et s'en allait manger à l'écart, derrière une touffe de verdure, car, si l'on en excepte les repas donnés pour les cérémonies funéraires, les Indous ne peuvent prendre leurs aliments en public.

Les pauvres femmes avaient toutes le pagne blanc des veuves, et notre hôte leur avait concédé le droit exclusif de se livrer à ce petit commerce, assez lucratif pour les faire vivre, car les Indous ont au moins trois ou quatre fêtes religieuses par mois, pendant lesquelles les mirasdars sont tenus de respecter leur liberté.

Tout à coup nous entendîmes dans le lointain, les sons criards des cymbales indigènes, sortes de petites rondelles de cuivre que l'on frappe en cadence l'une contre l'autre, et, au milieu de la foule qui s'écartait respectueusement, nous aperçûmes le corps des bayadères de la pagode de Vellypoor, s'avancer vers nous, ayant à sa tête un des pourohitas, ou bas-officiants du temple, qui le dirigeait en battant la mesure.

Ces jeunes filles, qui sont un peu comme les vierges folles dont parle l'Écriture, vinrent se ranger au bas du perron de l'habitation, et, sur un signal de leur directeur, dans une pantomime pleine de grâce et de vivacité, retracèrent, en notre honneur, les douleurs de l'absence et la joie qu'éprouvent des amis, en se revoyant après une longue séparation.

Leur mimique n'est point toujours aussi chaste, et les Indous, qui les font venir pour leurs plaisirs, s'accommoderaient peu d'aussi simples distractions; devant les dames européennes, elles ne cessent jamais de se conduire avec une réserve qui les rend plus charmantes, dans leur grand pagne de soie frangé d'or, qui laisse à peine apercevoir le bout des pieds.

Elles terminèrent, par le chant de joie de Rama retrouvant sa femme Sita, après quinze ans de séparation, si l'on peut appeler un chant une mélopée criarde et monotone, qui ne laisse pas d'être parfois d'un effet étrange, avec les circonstances de climat, de végétation, de paysage et de foule où il se trouve placé.

Pour les oreilles et le goût européens, la musique indoue n'existe pas, en tant qu'accords harmonieux de sons, science du rhythme et de la mélodie. Quoique les Indous se plaisent beaucoup à l'entendre, et qu'ils l'emploient dans toutes les cérémonies religieuses et civiles, on peut affirmer que cet art est encore en enfance parmi eux. Je ne crois pas qu'ils soient plus avancés sur cet article, que les peuples du centre Afrique, qui ne sont pas encore arrivés aux premières conquêtes de la civilisation. Dans leurs fêtes, ce ne sont pas des sons harmonieux qu'ils exigent de leurs musiciens, ils ne feraient aucune impression sur leurs dures oreilles; ce qu'il leur faut, c'est du bruit, beaucoup de bruit, et des sons aigres et perçants.

Sur ce point, ils sont parfaitement servis à leur goût par les musiciens des pagodes, qui luttent à qui frappera le plus fort sur leurs instruments rudimentaires. Ces sons discordants les charment infiniment plus que la régularité de notre mélodie, qui n'a pour eux aucun attrait. De tous nos instruments, ils n'aiment que les tambours, les trompettes, et se pâment en entendant les crécelles dont s'amusent nos enfants.

Bien qu'ils connaissent depuis des milliers d'années une gamme composée comme la nôtre :

Sa — ri — ga — ma — pa — da — ni — sa,

ils n'ont su en tirer que des chants monotones et bizarres.

En revanche, s'ils ne s'entendent pas à varier la gamme des sons, comme ils savent admirablement se servir de la gamme des couleurs! Le moindre tisserand, avec quelques morceaux de bois et une navette, à lui seul dessinera, teindra sa laine, et tissera le plus merveilleux des cachemires.

Lorsque les bayadères eurent terminé leurs chants, une députation de raiots, choisis parmi les chefs des villages, gravit les marches du perron, et après nous avoir harangués, au nom de tous les dieux, après avoir enjoint aux planètes de nous être favorables, à tous les mauvais gé-

nies de s'écarter à perpétuité de notre route, ils vinrent nous souhaiter la bienvenue, en répandant sur notre tête et sur nos mains, les parfums les plus suaves, extraits du jasmin, de l'amatlée, de l'iris et du sandal.

Cela fait, ils descendirent à reculons, en se prosternant respectueusement à chaque marche.

Un rapsode indigène, s'étant alors approché, s'écria qu'il allait *chanter* un conte merveilleux.

Les Indous sont très-friands de récits imaginaires; on sait qu'ils ont inventé la fable, et que Vischnou-Sarma, connu en Europe sous le nom de Pilpay, est l'ancêtre d'Esope et de Phèdre. Aussi, n'est-il pas une fête publique ou de famille, pas une cérémonie privée ou religieuse, qui n'ait son rapsode, qui chante, souvent pendant des nuits entières, des apologues, des contes, ou des extraits de poëmes héroïques.

En entendant ces paroles, accueillies par un murmure général de satisfaction, la foule se massa rapidement autour de l'habitation, et s'imposa immédiatement un religieux silence.

Après nous avoir salués en portant les deux mains jointes aux lèvres et au front, le rapsode commença à psalmodier d'un ton nasillard :

— Voici, dit-il, l'histoire de quatres brahmes fous.

En entendant ces mots, un immense éclat de rire envahit l'assemblée. Ce peuple si longtemps dominé par ses brahmes, et qui a conservé pour eux toutes les marques extérieures du respect le plus profond, ne perd jamais une occasion de s'égayer à leurs dépens.

Pour donner au lecteur une idée de cette littérature vulgaire des Indous, je vais transcrire ici ce conte, dont la traduction, je n'ai pas besoin de le dire, ne m'appartient pas ; je l'emprunte à un vaste recueil de littérature indigène, que notre immortel Dupleix avait fait composer avec des extraits des livres anciens, pour les écoles mixtes qu'il avait fondées à Chandernagor.

L'Indou ne vit plus que des résultats du passé ; il ne chante aujourd'hui que les chansons de ses ancêtres, ne raconte que leurs récits avec une servilité mécanique, et se garderait bien de changer un mot aux antiques conceptions dans lesquelles il se cantonne.

De l'Hymalaya au cap Comorin, dans les dialectes les plus différents, vous entendrez les mêmes histoires.

Voici le conte chanté par le rapsode, aux raiots de Vellypoor ; chaque couplet forme un double distique dans le recueil original :

« Dans un district, on avait publié un smaradana (festin mensuel que l'on donne aux brahmes dans les villages). Quatre individus de cette caste, partis chacun d'un village différent pour s'y rendre, se rencontrèrent en route.

« Après avoir reconnu qu'ils allaient à la même destination, ils convinrent de faire ensemble le reste du voyage.

« Chemin faisant, ils furent rencontrés par un soldat qui suivait une direction opposée à la leur, et qui en passant leur fit le salut d'usage à l'égard des brahmes.

« — Saranai, aya ! dit le soldat (salut respectueux, seigneur !).

« — Assirvadam ! répondirent les brahmes (reçois notre bénédiction !).

« Arrivés près d'un puits qui se trouvait sur le chemin, les brahmes s'assirent pour s'y désaltérer, et se reposèrent ensuite à l'ombre d'un arbre voisin.

« Durant cette halte, leur esprit ne leur fournissant pas matière à converser, l'un d'eux s'avisa de rompre le silence en disant aux autres :

« — Il faut avouer que le soldat que nous venons de rencontrer est un homme fort civil ; avez-vous remarqué comme il a su me distinguer, et avec quelle politesse il m'a salué ?

« — Mais ce n'est point vous qu'il a salué, reprit le brahme assis auprès de lui ; c'est à moi seul que s'adressait cet hommage.

« — Vous vous trompez l'un et l'autre, dit le troisième ; je puis vous assurer que c'est moi seul que le salut regardait, et la preuve c'est que le soldat, en prononçant le saranai, aya, a jeté les yeux de mon côté.

« — Point du tout, riposta le quatrième, c'est moi seul qu'il a salué ; sans cela, lui aurais-je répondu : assirvadam !

« La dispute s'échauffa par degrés avec une telle véhémence, que les quatre compagnons de voyage allaient en venir aux mains. L'un d'eux, plus raisonnable que les autres, ouvrit l'avis suivant :

« — Pourquoi nous mettre ainsi inutilement en colère ? Quand nous nous serons accablés réciproquement d'injures et d'outrages, quand nous nous serons bien battus comme la canaille de Soudras, dites-moi : le sujet de notre différend en sera-t-il moins contestable ? Qui peut mieux lever nos doutes que la personne qui y a donné lieu ? Le soldat que nous avons rencontré ne peut être fort loin.

« Je suis donc d'avis que nous courions bien vite après lui, afin d'apprendre de sa propre bouche, quel est celui des quatre qu'il avait l'intention d'honorer.

« Ce conseil parut très-sage et fut accueilli avec empressement. Ils se mirent donc à courir après le soldat, et tout hors d'haleine, ils l'atteignirent à plus d'une lieue de l'endroit où il les avait salués.

« Du plus loin qu'ils l'aperçurent, ils lui crièrent de s'arrêter et, s'étant approchés de lui, ils lui exposèrent le sujet de la dispute survenue entre eux, le priant de la terminer, en disant auquel d'entre eux s'adressait sa politesse.

« Le soldat, reconnaissant à ce récit l'ingénuité des personnes à qui il avait affaire, et voulant s'amuser à leur dépens, répondit très-sérieusement à leur question :

« — Eh bien, c'est le plus fou des quatre que j'ai prétendu saluer, et leur tournant le dos immédiatement, il poursuivit son chemin.

« Les brahmes, interdits de cette réponse, reprirent aussitôt le leur, et le continuèrent quelque temps en silence. Mais bientôt la dispute se ranima de plus belle, car ils avaient à cœur le salut du soldat.

« Chacun, cette fois, appuyait ses prétentions sur la décision même de cet homme, et il n'en était pas un des quatre, qui ne se prétendît infiniment plus fou que les autres.

« Ils mirent, de part et d'autre, tant d'aigreur et d'emportement à maintenir leurs droits à cette prééminence d'une nouvelle espèce, qu'une bataille paraissait imminente.

« L'auteur du premier avis en émit un second, pour calmer l'effervescence de ses compagnons.

« — Je me prétends plus fou qu'aucun de

vous, dit-il, et chacun se prétend plus fou que moi.

« Or, je le demande, est-ce en criant jusqu'à extinction de voix, et même en nous assommant de coups les uns les autres, que nous arriverons à décider quel est celui des quatre, qui possède la folie la mieux conditionnée ?

« Nous voici à peu de distance de Darmapoor, suspendons nos débats, rendons-nous à la chauderie (salle de justice), et prions les chefs du lieu de nous mettre d'accord. Cet avis sensé fut suivi.

« Ils ne pouvaient pas se présenter dans un moment plus favorable. Les chefs de Darmapoor, brahmes et autres, se trouvaient tous assemblés à la chauderie, il y avait peu de causes à juger ; on leur donna de suite audience.

« Un des brahmes s'étant avancé au milieu de l'assemblée, raconta, sans omettre la moindre circonstance, ce qui s'était passé entre eux à l'occasion du salut et de la réponse ambiguë du soldat.

« Ce récit provoqua plus d'une fois les éclats de rire de l'assemblée. Celui qui la présidait, homme d'humeur joviale, fut ravi d'avoir trouvé une occasion aussi favorable de se divertir.

« Prenant donc un air sérieux, et imposant silence à tout le monde, il adressa ainsi la parole aux plaideurs :

« — Comme vous êtes étrangers en cette ville, on ne peut constater votre cas par témoins.

« Il n'y a qu'un moyen d'éclairer vos juges, c'est que chacun de vous fasse connaître à son tour, quelque trait de sa vie qui caractérise le mieux sa folie.

« Après vous avoir entendus, nous pourrons décider quel est celui des quatre, qui a droit à la supériorité en ce genre, et qui, en conséquence, peut s'attribuer exclusivement le salut du soldat.

« Les plaideurs acquiescèrent tous à cette proposition, et l'un des brahmes ayant alors obtenu la permission de parler, s'exprima en ces termes :

« — Ma mise est loin d'être élégante, comme vous le voyez, et ce n'est pas d'aujourd'hui que je vais couvert de haillons ; voici la cause primitive du délabrement de mon costume.

« Il y a plusieurs années qu'un riche marchand de notre voisinage, fort charitable envers les brahmes, me fit présent, pour m'en vêtir, de deux pièces de toile la plus fine qu'on eût jamais vue dans notre agrahram.

« Je les montrai à tous mes amis qui ne se lassèrent pas de les admirer; une si heureuse aubaine, me disaient-ils, ne peut être que le fruit des bonnes œuvres que tu as pratiquées dans une génération précédente, car dans la vie présente tu es trop bête pour avoir jamais pu mériter cela.

« Je remerciai mes amis de leur bonne opinion, et, avant de me vêtir de ces toiles, j'allai les laver, selon la coutume, afin de les purifier par là des souillures que leur avaient imprimées, par leur contact, l'impur tisserand et le vil marchand.

« Elles étaient à sécher attachées par deux bouts à des branches d'arbre, lorsqu'un chien vint à passer par-dessous; je ne l'aperçus que quand il fut à distance, et ne pus m'assurer s'il les avait souillées par son contact.

« J'interrogeai mes enfants, qui me dirent qu'ils n'y avaient pas fait attention; comment éclaircir ce doute? Pour y parvenir, j'imaginai de me mettre à quatre pattes en me tenant à la hauteur du chien, et dans cette posture je passai sous mes toiles.

« — Les ai-je touchées? demandai-je à mes enfants qui m'observaient.

« — Non, me répondirent-ils.

« A cette agréable nouvelle, je fis un saut de joie.

« Cependant un moment après je réfléchis, que le chien ayant la queue retroussée, il pourrait bien avoir touché mes toiles avec le bout de cette partie exubérante de son dos.

« Pour m'en assurer, je m'attachai sur le dos une faucille recourbée, et je recommençai de la même manière mon épreuve. Mes enfants, à qui j'avais recommandé d'être attentifs, me dirent que cette fois la faucille avait atteint légèrement les toiles.

« Ne doutant plus alors que le chien en ait fait autant, je saisis ces toiles, et, dans un transport de colère qui m'ôta toute réflexion, je les mis en mille morceaux.

« Cette aventure devint bientôt publique, et tout le monde me traita d'insensé. — Quand bien même les toiles eussent été souillées par un contact aussi léger, ne pouvais-tu réciter sur elles le mentram (prière) de la purification?

« — Plutôt que de les déchirer, disait un autre, n'aurais-tu pas mieux fait de les donner à un pauvre soudras? Après un pareil trait de folie, qui voudra désormais te fournir des vêtements?

« Ceci ne s'est, hélas! que trop réalisé; depuis ce temps-là, lorsque je m'avise de demander à quelqu'un de quoi me vêtir, on me demande en riant si c'est pour en faire des morceaux (1).

« Lorsqu'il eut fini son histoire : — Il paraît, lui dit un des auditeurs, que vous savez très-bien marcher à quatre pattes.

« — Je m'en acquitte au mieux, répondit le brahme, comme vous allez le voir.

« A ces mots, il se mit à faire dans cette posture deux ou trois fois le tour de l'assemblée, non sans faire pâmer de rire tous les spectateurs.

« — En voilà assez, dit celui qui présidait, ce

(1) Les brahmes, suivant leur loi religieuse, ne doivent vivre que d'aumônes et ne porter que des toiles blanches, pures de tout contact avec les animaux et les hommes des autres castes.

que nous venons de voir et d'entendre, prouve beaucoup en votre faveur; mais avant de rien décider, voyons quelles preuves de folie apporteront les autres.

« Un second brahme prit alors la parole en ces termes : — Afin de paraître décemment à un smaradana qui avait été annoncé dans notre voisinage, je mandai le barbier pour me raser la tête et le menton.

« Lorsque celui-ci eut terminé son opération, je dis à ma femme de lui donner une cache (environ un centime) pour son salaire, mais, par étourderie, elle lui en donna deux.

« En vain j'exigeai du barbier qu'il me restituât une cache, il n'en voulut rien faire; j'eus beau insister, il demeura obstiné dans son refus.

« La contestation s'échauffait, et nous en étions déjà aux gros mots, lorsque le barbier, prenant un ton radouci :

« — Il y a, me dit-il, un moyen d'entrer en arrangement. Pour la cache que vous me réclamez, je raserai, si vous voulez, la tête à votre femme.

« — Tu as raison, répliquai-je, après un moment de réflexion. Ce que tu proposes terminera notre différend, sans injustice de part ni d'autre.

« Ma femme, entendant ces paroles et voyant ce qui allait lui arriver, voulut se sauver (1), mais je la saisis et la forçai à s'asseoir par terre, et le barbier, armé de son rasoir, lui tondit entièrement la tête.

« Cependant ma femme jetait les hauts cris, et vomissait un torrent d'injures et d'imprécations contre nous deux, mais je la laissai crier, aimant mieux lui voir la tête rasée, que d'abandonner à ce fripon de barbier, une cache qu'il n'avait pas gagnée.

« Ma femme, ainsi dépouillée de sa belle chevelure, alla se cacher de honte et n'osa plus paraître. Le barbier décampa aussi, et, rencontrant ma mère dans la rue, il n'eut rien de plus pressé que de lui raconter ce qui venait de se passer.

« Elle accourut aussitôt pour s'assurer du fait, et lorsqu'elle aperçut sa belle-fille complétement tondue, elle demeura quelque temps interdite e

(1) On coupe les cheveux dans l'Inde aux femmes adultères comme une marque d'infamie.

muette d'étonnement; mais bientôt, transportée de colère, elle m'accabla d'invectives et de reproches que je supportai sans mot dire.

« Je commençais à m'apercevoir que je les méritais bien. Le coquin de barbier, de son côté, se fit un malin plaisir de divulguer partout cette aventure qui me rendit la fable du public.

« Les mauvaises langues, enchérissant sur son récit, ne manquèrent pas d'insinuer que si j'avais ainsi fait raser la tête de ma femme, c'était pour la punir d'avoir violé la foi conjugale.

« La foule accourut à la porte de mon logis ; on amena même un âne pour y faire monter la prétendue coupable et la promener par les rues, selon qu'on a coutume d'en user pour les femmes infidèles.

« Le bruit de cette aventure parvint bientôt jusqu'au lieu du domicile des parents de ma femme. Ils accoururent en toute hâte.

« Jugez du tapage qu'ils firent à la vue de leur pauvre fille accommodée de la sorte. Ils l'emmenèrent chez eux, la faisant voyager de nuit pour lui éviter l'humiliation d'être vue en cet état. Ce n'est qu'après quatre années de supplications qu'ils consentirent à me la rendre.

« J'espère que ce trait de folie vous paraîtra de beaucoup supérieur à celui dont vous a entretenus le brahme qui a parlé avant moi.

« L'assemblée jugea qu'il était difficile de montrer plus de stupidité, mais elle réserva sa décision, et donna la parole au troisième brahme, qui commença en ces termes :

« —Anantaya est mon nom, mais on ne me nomme plus que Bétel-Anantaya ; voici l'événement qui a donné lieu à ce sobriquet :

« Il y avait environ un mois que ma femme, retenue jusqu'alors à la maison paternelle à cause de sa jeunesse, était venue habiter avec moi. Un soir, en nous couchant, je lui dis, je ne sais à quel propos, que les femmes étaient des babillardes.

« Elle me répliqua sans hésiter qu'elle connaissait des hommes qui étaient plus femmes que les femmes sur ce point. C'était à moi qu'elle faisait allusion.

« Piqué au vif, je lui répondis :

« — Voyons qui parlera le premier.

« — Volontiers, dit-elle; et celui qui perdra la gageure donnera à l'autre une feuille de bétel.

« Le pari convenu, nous nous endormîmes sans prononcer un mot.

« Le lendemain, au soleil levant, comme on ne nous voyait point paraître, car nous étions décidés à ne pas nous lever de notre couche, avant que notre différend fût terminé, on se mit à nous appeler de tous côtés ; peine perdue, nous ne répondions pas.

« Nos parents qu'on avait avertis, effrayés de ce silence, envoyèrent chercher le charpentier du village pour faire ouvrir les portes. On ne fut pas peu surpris de nous trouver, l'un et l'autre, bien éveillés, en parfaite santé, mais privés de l'usage de la parole.

« Notre maison était pleine de monde, et dans la croyance que nous étions sous un charme, on envoya chercher un célèbre magicien pour nous désenchanter.

« Ce dernier, après avoir demandé un prix exorbitant, allait commencer ses conjurations, lorsqu'un brahme de nos amis soutint que nous n'étions muets que par l'effet d'une maladie qu'il connaissait parfaitement, et qu'il allait nous guérir sans rétribution.

« Ayant fait chauffer à blanc un lingot d'or, il me l'appliqua avec des pincettes sur la plante des pieds, les coudes et le front; j'endurai cette horrible torture sans prononcer une parole.

« Essayons sur la femme, dit alors le malin opérateur. Il lui fit la même opération sur la plante des pieds, mais à peine eut-elle senti les premières atteintes du feu, qu'elle s'écria : Appa ! appa ! (Assez ! assez !)

« Se tournant ensuite vers moi, elle me dit : — J'ai perdu la gageure, tiens, voilà une feuille de bétel. Tout le monde fut au comble de l'étonnement.

« — J'avais bien prévu que tu parlerais la première, m'écriai-je aussitôt, voilà que tu as justifié ce que je te disais hier en nous couchant, que toutes les femmes sont des babillardes.

« Lorsque les spectateurs connurent les motifs de notre pari, ils s'écrièrent en chœur : — Quelle insigne folie! Ameuter tout le quartier, se laisser brûler la plante des pieds pour une feuille de bétel!

« Il serait impossible de trouver un cerveau plus complétement fêlé ; depuis ce jour on ne me désigna plus que sous le nom de Bétel-Anantaya.

« Le tribunal de la chauderie trouva ce trait de folie non moins remarquable que les autres, mais il était juste de connaître les titres du quatrième, qui les exposa en ces termes :

« — La femme que j'avais épousée étant trop jeune encore, continua d'habiter pendant six ou sept ans la maison de son père (1). Lorsqu'elle eut l'âge voulu, ses parents avertirent les miens qu'elle pourrait désormais remplir tous ses devoirs d'épouse.

« La maison de mon beau-père était à une distance de six ou sept lieues de notre demeure. Ma mère, se trouvant malade à l'époque où nous reçûmes cette agréable nouvelle, ne put entreprendre le voyage.

« Elle me chargea donc d'aller chercher moi-même ma femme, me recommandant de me

(1) Les jeunes brahmines sont toutes mariées entre cinq et six ans, et restent dans leur famille jusqu'à l'âge de la nubilité.

conduire avec circonspection, et de ne rien faire ni rien dire, qui pût donner à connaître l'étendue de ma simplicité.

« — Appréciant comme je le fais, ajouta-t-elle, la faible portée de ton intelligence, je crains que tu ne fasses quelque sottise.

« Je lui promis de me conformer à ses instructions, de me conduire avec prudence, et je me mis en route.

« Je fus très-bien reçu par mon beau-père, qui donna à mon occasion un festin à tous les brahmes du lieu. Le jour fixé pour mon départ étant arrivé, on nous permit de partir, ma femme et moi.

« En nous congédiant, mon beau-père nous combla de bénédictions, et quand nous nous séparâmes, il versa un torrent de larmes, comme s'il eût pressenti le malheur qui devait arriver à sa pauvre fille.

« On était alors dans la saison des fortes chaleurs, et, le jour de notre départ, elle était excessive. Nous avions à traverser une plaine aride de plus de deux lieues d'étendue.

« Le sable chauffé par l'ardeur du soleil eut

bientôt brûlé la plante des pieds de ma jeune compagne, qui, élevée délicatement sous le toit paternel, n'était pas accoutumée à de pareilles fatigues.

« Elle se prit à pleurer, et bientôt, n'en pouvant plus, elle se coucha par terre, résolue, dit-elle, à mourir sur la place.

« Mon embarras était extrême. Assis à côté d'elle, je ne savais quel parti prendre, lorsqu'il vint à passer un vaysia (marchand), qui conduisait un grand nombre de bœufs chargés de diverses marchandises.

« Je l'abordai et lui racontai, les larmes aux yeux, le sujet de mes peines, et le priai de m'aider de ses conseils dans la situation critique où je me trouvais.

« Le marchand s'approcha de ma femme. Après l'avoir attentivement considérée, il me dit que, par la chaleur suffocante qu'il faisait, la vie de cette pauvre malheureuse était évidemment en danger, soit qu'elle demeurât à cette place, soit qu'elle voulût avancer.

« — Plutôt, continua-t-il, que de vous exposer à la douleur de la voir périr sous vos yeux, peut-être aussi au soupçon de l'avoir tuée vous-même, je vous conseille de me la livrer.

« Je la ferai monter sur un de mes meilleurs bœufs, je l'emmènerai et elle échappera par ce moyen à une mort certaine; elle sera perdue pour vous, il est vrai, mais il vaut encore mieux la perdre en lui sauvant la vie que de la voir mourir sous vos yeux.

« Ses bijoux peuvent valoir vingt-cinq pagodes environ, en voilà trente, et donnez-moi votre femme.

« Le raisonnement de cet homme me parut convaincant et sans réplique.

« J'acceptai donc l'argent qu'il m'offrait, et lui, prenant ma femme entre ses bras, l'assit sur un de ses bœufs et se hâta de continuer sa route.

« Je repris aussi la mienne et j'arrivai à la maison fort tard, les pieds presque grillés par la chaleur du sable, sur lequel j'avais marché pendant toute la journée.

« — Où donc est ta femme ? me demanda ma mère surprise de me voir revenir seul. Je lui racontai alors en détail tout ce qui s'était passé depuis mon départ.

« Et je finis par lui apprendre le triste accident survenu en route à ma jeune compagne que j'avais mieux aimé céder à un marchand qui passait que d'être témoin de sa mort inévitable, au risque encore d'encourir le soupçon d'en être l'auteur.

« Suffoquée d'indignation à ce récit, ma mère demeura muette et comme pétrifiée. Mais bientôt sa colère comprimée fit explosion avec fracas; elle ne trouvait point d'injures ni d'imprécations assez fortes, pour me reprocher la conduite que j'avais tenue.

« — L'insensé, le misérable, s'écriait-elle, vendre sa femme ! la livrer à un autre ! Une brahmine devenir la proie d'un vil marchand ! et que va-t-on penser de nous dans notre caste ?

« Que diront les parents de cette infortunée et les nôtres, lorsqu'ils apprendront une telle infamie ? Pourront-ils jamais croire à un pareil excès de folie et de stupidité ?

« La triste aventure survenue à ma femme ne tarda point à parvenir aux oreilles de ses parents. Ils accoururent furieux, armés de bâtons, dans l'intention de me faire expirer sous leurs coups.

« C'est ce qui me serait infailliblement arrivé, ainsi qu'à ma pauvre mère, quelle que fût son innocence, si, avertis de leur prochaine arrivée, nous ne nous fussions soustraits à leur vengeance par une prompte fuite.

« Ne pouvant se faire justice eux-mêmes, ils portèrent l'affaire devant le tribunal de la caste, qui, d'une voix unanime, me condamna à payer une amende de deux cents pagodes, en forme de réparation d'honneur.

« Il fut en outre fait défense à qui que ce fût, sous peine d'exclusion de la caste, de jamais donner une autre femme à un fou tel que moi.

« Ainsi je me vis condamné à rester veuf le restant de mes jours. Heureux encore de n'avoir pas été retranché de la caste des brahmes, grâce dont je fus redevable au respect et à la considération dont avait joui mon père, et dont le souvenir subsistait encore.

« Je vous laisse à juger maintenant si ce trait de folie le cède à ceux dont mes compagnons vous ont entretenus, et si la prééminence ne m'est pas acquise à bon droit.

« Après mûre délibération, l'assemblée de la chauderie décida que les quatre brahmes ayant donné chacun des preuves irréfragables de folie, ils avaient tous des droits égaux et bien fondés à la supériorité en ce genre ;

« Que chacun pouvait donc individuellement s'attribuer le privilége de se dire plus fou que les trois autres, et prendre pour son compte personnel le salut du soldat.

« — Chacun de vous a gagné son procès, leur dit celui qui présidait, allez en paix et continuez votre route sans vous battre, si c'est possible ; prenez bien garde de ne pas vous prendre l'un pour l'autre, et que les dieux fassent qu'il ne vous arrive aucun accident, ce serait une trop grande perte pour vos parents et votre caste.

« En écoutant cette sentence, toute l'assemblée éclata de rire, et les quatre brahmes, satisfaits d'un aussi équitable jugement, se retirèrent chacun disant : J'ai gagné mon procès, c'est bien moi que le soldat a prétendu saluer.

« Voilà, soudras et ariots de Vellypoor,

s'écria le rapsode en terminant, l'histoire des quatre brahmes fous. »

Pour qui a habité l'Inde, chaque phrase de ce conte est une satire contre la caste des brahmes. Un grand nombre de membres de cette corporation, prenant prétexte de l'illustration de leur race, ne vivent plus que dans la débauche et la plus complète oisiveté.

Ceux qui conservent encore quelque dignité, se louent aux Anglais qui se servent de leur influence, dans l'intérêt de leur propre domination. Un petit nombre d'entre eux, réfugiés dans les pagodes, vivent dans l'étude avec les grands souvenirs du passé, gémissant sur le sort de leur malheureux pays, qui a jeté une si vive lumière sur les civilisations antiques; ils sont cependant incapables de rien tenter pour le régénérer, car, suivant eux, la race indoue a accompli son œuvre dans le monde, et, comme un homme arrivé au déclin de sa vie, elle n'a plus qu'à disparaître pour faire place à de nouvelles générations. Je n'ai pas connu deux brahmes qui aient une foi sincère dans l'avenir; pour eux le Caly-youga ou âge de fer, voué au règne du mal, touche à sa fin', et ils attendent un nouveau cataclysme, qui rajeunira et la terre et les hommes.

Ces opinions, servent trop bien la cause des oppresseurs actuels de l'Inde, pour qu'ils n'en favorisent pas la vulgarisation de tout leur pouvoir.

Un peu avant que le rapsode eût fini de psalmodier son conte, deux coureurs indous, de la caste des bohis, étaient arrivés ruisselants de sueur, de l'extrémité nord-ouest de la concession du major, et lui avaient apporté une lettre du surveillant de cette partie de la propriété. Les tigres faisaient de nombreux ravages dans les troupeaux parqués pour l'engrais, et il exprimait à son maître le désir de le voir bientôt arriver à Magna avec son équipage de chasse.

— Voilà le troisième message que je reçois depuis un mois, nous dit notre ami ; la saison des pluies, qui a été fort longue cette année, a chassé des basses plaines du Gange, qui ne sont plus qu'un vaste marécage, de grandes quantités de tigres qui, chaque nuit, égorgent nos jeunes génisses par douzaines. Chaque année, pendant les mois de décembre et janvier, je perds de cent cinquante à deux cents têtes de bétail sur un troupeau de deux mille bœufs ; c'est une redevance forcée, qui serait beaucoup plus considérable encore, si je n'allais régulièrement, pendant la moitié de cette saison, m'établir à Magna et refouler les fauves avec mes éléphants. Je n'attendais que votre arrivée ; dès que vous serez reposés, nous partirons ; je possède là une habitation aussi complétement installée qu'à Vellypoor, et ces dames seront libres de nous suivre à la chasse, ou de se livrer à des distractions plus paisibles.

Nous répondîmes à notre hôte que le voyage, dans les conditions où nous l'avions accompli, ne nous avait nullement fatigués, et qu'une nuit de repos serait plus que suffisante pour nous remettre des émotions de la veille.

Le départ fut fixé au surlendemain.

La résidence de Magna était située à dix lieues de là, entre un petit cours d'eau de ce nom qu'il ne faut pas confondre avec le grand affluent du Brahmapoutre connu sous la même dénomination, et le Bouringotta, un des bras les plus considérables du Gange. Ces plaines couvertes de gras pâturages servaient à l'élevage de bestiaux que le major écoulait à Calcutta.

Nous nous mîmes en marche au jour convenu, avec quatre charrettes à bœufs, garnies de provisions et de munitions de toutes espèces, et les sept éléphants de chasse. En recevant leur harnachement, ces nobles animaux se mirent à hennir de plaisir ; ils comprenaient parfaitement qu'ils partaient pour leurs luttes habituelles, et c'était merveilleux de voir comme ils aidaient eux-mêmes leurs cornacs à assujettir les lourds haoudahs sur leurs épaules.

Mme Daly et ses enfants, Mme Stevens et moi, prîmes place dans le haoudah de Sravana ; ces messieurs s'établirent sur un autre éléphant du nom de Narayanin, et les domestiques, comme c'est l'usage dans l'Inde, suivirent à pied derrière les charrettes.

Nous traversâmes presque toute la concession, sur de grandes routes ménagées entre les rizières et les champs d'indigo, et de tous côtés les raiots et les coolies abandonnaient leur travail, pour venir nous saluer au passage et nous offrir des fruits et des fleurs.

Nous nous mîmes en marche au jour convenu... avec des munitions de toutes espèces,

A une halte que nous fîmes pour déjeuner dans une petite aldée (village), le totien, sorte de garde rural, nous apporta un jeune caïman qu'il venait de prendre dans un canal d'arrosage, et qui n'était guère plus gros qu'un igname ; notre cuisinier le dépouilla et le fit rôtir ; nous en goûtâmes par curiosité, avec une appréhension justifiée; cette chair fade, tout imprégnée des odeurs nauséabondes des marais, est peu propre à flatter les palais européens.

Un peu avant le coucher du soleil, nous arrivions à Magna. Depuis plus d'une heure, les rizières avaient cessé de s'étendre devant nous, nous marchions au milieu d'immenses pâturages couverts de bœufs, de moutons et de chèvres du Caboul, et en face de nous, terminant la ligne verte à l'horizon, nous apercevions une longue bande noirâtre et dentelée, qui se découpait sur le ciel; c'était la limite des terrains cultivés, et au delà commençait la forêt et la jungle.

Les rapports du régisseur furent tels que le major envoya les rabatteurs en avant, et décida que la chasse commencerait dès le lendemain. Au point du jour, les malis étaient de retour ;

toute la nuit, tantôt se couchant à plat ventre dans les broussailles, retenant leur souffle pour ne pas déceler leur présence, tantôt nageant dans les étangs ou rampant le long des berges, les pauvres diables avaient suivi les pistes des fauves, et reconnu les lieux où ils avaient établi leurs repaires. Ils évaluèrent le nombre de ceux qui s'étaient rapprochés des pâturages, depuis la saison de l'hivernage, à une quarantaine de couples environ, dispersés sur un espace de quatre à cinq milles carrés seulement.

D'après les intentions de notre hôte, cette excursion devait être, le premier jour surtout, une promenade d'exploration, destinée à donner aux éléphants la connaissance du terrain sur lequel ils allaient manœuvrer. Si on ne rencontrait pas le tigre, en reconnaissant les positions de chasse du lendemain, on ne devait pas aller le forcer dans les fourrés.

Nous partîmes dans l'ordre suivant : en tête, les rabatteurs et les six éléphants de chasse marchant par paire, sous la direction du chef des malis et de Sravana ; à l'arrière, un vieil éléphant de service, qui était sur l'habitation depuis près d'un siècle, et qui portait quelques provisions de bouche. Ce vieux serviteur n'avait d'ordinaire à la maison d'autre occupation que de conduire à la promenade les enfants du major.

Par exception, on l'avait joint à notre caravane; nous devions chasser trois jours et coucher deux nuits en forêt ; nous ne pouvions, dans cette circonstance, confier nos provisions à des bœufs incapables de se défendre des dangereux animaux auxquels nous allions rendre visite. Soupramany — c'était le nom de l'éléphant — avait occupé autrefois le poste de Sravana ; les marais du Gange avaient retenti de ses exploits, et son maître montrait avec orgueil les nombreuses cornes de rhinocéros qui attestaient sa valeur, et que son grand-père et son oncle, contemporains du vieil athlète, lui avaient léguées.

On ne le faisait plus lutter par peur d'accident, et il était soigné avec vénération dans la maison héréditaire du major, où il avait déjà vu passer trois générations d'hommes et menait promener en ce moment la quatrième.

Il n'avait cependant rien perdu de sa force, mais sa vue commençait à faiblir ; puis il lui manquait une défense qu'il avait perdue six mois auparavant dans les circonstances suivantes.

L'éléphant n'est dangereux que dans un seul cas, heureusement fort rare. Ni plus ni moins que l'homme, dont il se rapproche par l'extraordinaire développement de l'intelligence, il peut perdre ses facultés mentales. Il entre alors en fureur, ne connaît plus son maître, se livre aux extravagances les plus singulières, broie et tue tout ce qui se trouve à sa portée ; sa guérison est impossible.

Un jour un éléphant de service du major fut pris subitement de folie ; il était sur les bords du Gange en train de charger des sacs de riz sur un dingui de transport, quand tout à coup il se mit à jeter le riz dans la rivière ; son cornac, qui ne comprenait rien à cette manie, voulut le réprimander, il l'assomma d'un coup de trompe. Les macouas du petit navire, saisis de terreur, se cachèrent à fond de cale, et l'éléphant se mit à courir en hurlant dans la direction de l'habitation. Les enfants jouaient sur une pelouse, sous la garde de Soupramany ; l'éléphant, en voyant arriver son camarade en proie à une indicible fureur, comprit le danger et, se jetant au-devant des enfants qui eurent le temps de se réfugier dans la maison, il barra le passage à l'assaillant.

Une lutte épouvantable commença, dans laquelle il soutint sa vieille réputation de courage et d'adresse. Après deux heures d'un combat tellement acharné que personne n'osa s'approcher, — c'eût été folie, du reste, que de tenter d'envoyer dans un pareil moment une balle à un animal qui n'est vulnérable que dans l'œil — il laissa son adversaire râlant sur le sol et rentra au *coraly* affreusement blessé, la trompe ensanglantée, les oreilles en lambeaux, et avec une défense de moins.

Je laisse à penser si l'affection que notre hôte et sa famille lui portaient dut s'accroître. Quand nous le vîmes, il était parfaitement guéri, mais pendant six semaines il n'avait pu se nourrir que de bouillie de riz.

— Il se moque d'un tigre comme d'un moucheron, ajouta son maître qui nous faisait part de ses états de service, mais je ne voudrais pas le voir se mesurer avec son ancien ennemi le mangeur de nelly (rhinocéros), je craindrais qu'il ne lui arrivât malheur.

Le brave animal, en voyant qu'il allait nous accompagner, fut saisi d'une telle joie qu'il essaya de moduler ses chants les plus gracieux; il ne parvint qu'à donner quelques notes, assez semblables aux éclats que rend un instrument de cuivre aux mains d'un débutant, et à nous assourdir par la plus épouvantable des cacophonies.

A la sortie de Magna, nous suivîmes une large chaussée, bordée de chaque côté par de vastes pâturages entrecoupés d'étangs, qui servaient d'abreuvoir aux bestiaux; à trois milles au plus en face de nous s'étendaient les jungles et les marécages, entremêlés de bouquets de bois, asile naturel des fauves, et sur la droite, le terrain, qui se relevait un peu, était recouvert d'impénétrables forêts.

Mme Stevens et moi étions montées dans le haoudah de chasse, sorte de petite tourelle en bois de teck et bardée de fer, à l'abri des attaques du tigre, que portait l'éléphant Narayanin; malgré notre désir, on n'avait pu nous confier à Sravana, ce dernier devant diriger l'escouade avec son cornac.

Mme Daly, à qui ces excursions étaient du reste familières, était restée à l'habitation où le soin de ses enfants réclamait sa présence.

Ces messieurs et le régisseur de Magna se placèrent dans le haoudah de Sravana, beaucoup plus accessible aux attaques que le nôtre, mais ayant, par contre, leurs carabines de précision à balles explosibles, pour repousser les assauts qui viendraient à se produire.

Enfin, pour compléter ce tableau, quatre domestiques, dont un cuisinier, deux métis pour faire le service et notre hohis Tchi-Naga avaient élu domicile sur le dos de Soupramany, pêle-mêle avec les jambons fumés, les conserves, les sacs de riz et les provisions de toute nature.

Soupramany et Narayanin, en raison de leurs fonctions de gardiens, ne devaient assister à la chasse que comme spectateurs et se borner à se défendre s'ils étaient attaqués; une consigne énergique fut donnée à leurs cornacs à ce sujet.

Les autres éléphants, chargés d'un rôle actif, n'avaient pas de haoudah. Une seule courroie se croisant sur le cou, et faisant le tour de leur corps, du ventre aux épaules, comme celle que nous avons vue servir à Sravana et à Moniram Dalal, dans la lutte contre le rhinocéros, composait tout leur harnachement, et suffisait aux cornacs pour se maintenir sur le dos de leurs montures, pendant les plus furieux assauts.

Nous marchions depuis quelque temps déjà, lorsque nous aperçûmes un pauvre Indou de la caste des Tcharanys, qui s'avançait péniblement sur la route, dans une direction opposée à celle que nous suivions. Il ployait sous le fardeau qui chargeait ses épaules.

Quel ne fut pas notre étonnement, lorsqu'en arrivant près de lui, nous reconnûmes dans l'objet qu'il transportait, un de ces sacs en toile serrée de fibres de coco, dans lesquels les négociants indigènes ont l'habitude de placer leur argent.

Notre caravane s'était arrêtée.

— Salam, Tcharany, dit le major à l'Indou.

— Salam, saëb, répondit le pauvre diable, et déposant son sac plein d'argent et d'or sur le bord du chemin, il se coucha dans la poussière en faisant le schaktanga à chacun de nous. — Le schaktanga est dans l'Inde la suprême expression du respect de l'inférieur envers le supérieur; il se fait en se prosternant de façon à ce que le corps, étendu sur le sol devant la personne que l'on salue ainsi, ne repose que sur l'extrémité des pieds, des genoux et des coudes.

— Où vas-tu ? continua notre ami.

— J'ai été chargé par un commouty (négociant) de Nagpoor, de porter ces dix mille roupies — vingt-cinq mille francs — à un commouty de Dakka.

— Tu n'as pas fait de mauvaises rencontres ?

— Dans le pays de Kourba, j'ai vu souvent les kallerous, mais je les ai menacés du trâga, et ils m'ont laissé continuer mon chemin.

— Salam, Tcharany.

— Salam, saëb.

Après nous avoir envoyé une dernière salutation, le pauvre diable, grelottant sous les étreintes de la fièvre qu'il avait gagnée en traversant les marais qui entourent les différents bras du Gange, reprit son précieux fardeau et continua péniblement sa route.

L'explication de ce fait va vous faire connaître une des coutumes les plus étranges de l'Inde.

Dans cette immense contrée, soumise autrefois à des centaines de princes différents, ayant eux-mêmes, sous leurs ordres, une foule de petits rajahs à demi indépendants et toujours en lutte les uns contre les autres, les voyages et les transports d'objets précieux eussent été impossibles, si la nécessité d'assurer la sécurité des transactions commerciales, plus forte que les entraînements de la guerre et du pillage, n'eût fait imaginer le plus singulier des expédients.

Une caste reçut le privilége d'accompagner les voyageurs, et de transporter les matières précieuses, telles que soieries, tapis du Cachemire et du Népaul, pierreries de Golconde, argent et or, d'un bout à l'autre de l'Indoustan, et chacun s'engagea, par les plus terribles serments, à la soutenir et à punir les attentats dont ses membrés seraient l'objet. Cette caste se nomme, dans le sud, la caste des bohis; au centre, de l'est à l'ouest, la caste des tcharanys; au nord, la caste des bhâts.

Les brahmes consacrèrent ce privilége, par les plus terribles malédictions religieuses à l'égard du transgresseur, et ce mode de faire accompagner une caravane par un bohis, un tcharany ou un bhât, selon les lieux, ne tarda pas à passer dans les mœurs; et caravanes et objets précieux furent plus en sûreté sous la garde d'un seul homme, que sous celle d'une armée.

Il n'est pas jusqu'à la caste des kallerous, ou voleurs, — car ces messieurs se sont réunis en caste dans l'Inde — qui ne respecte le bohis, conducteur ou messager.

Cependant, il arrive parfois qu'un de ces braves gens est arrêté par les thugs, les kallerous, les ierous-varous et autres exploiteurs de la jungle, sur lesquels les malédictions religieuses ont peu d'empire; il n'a qu'à les menacer du trâga, pour qu'on le laisse immédiatement continuer sa route, sans toucher à un cheveu de la tête des gens qu'il accompagne, ou à une roupie du trésor qu'il porte.

Qu'est-ce que le trâga ?

Voici l'origine légendaire de cette coutume.

Le puissant roi Wiswamitra avait fait sculpter dans l'or et entourer de pierres précieuses une magnifique fleur de lotus, qu'il envoya à la belle Djenara, sa fiancée, en la confiant à un bohis. Ce dernier, arrivé dans une épaisse forêt du pays de Pounah, à plus de trois cents lieues de Benarès, fut saisi par les soldats de Sivadj, petit prince de la côte malabare, et conduit près de leur maître, qui exigea du messager la remise de la fleur de lotus.

« — Grand prince, lui dit le bohis, considérez le déshonneur qui va retomber sur ma personne, ma famille et ma caste, si la fleur n'arrive pas aux mains de celle à qui je suis chargé de la remettre. On dira que je l'ai vendue pour en tirer un honteux profit, et qui voudra désormais confier à un bohis, *un fétu de paille à porter à une fourmi*. »

Comme Sivadj persistait dans sa demande malgré ces paroles, le bohis continua :

« — Illustre souverain, c'est ma mort que vous demandez, car j'ai juré de donner ma vie pour défendre l'objet qui m'a été confié ; prenez-le donc puisque je ne puis espérer ni de le sauver par la force, ni de toucher votre cœur, mais que du moins ce ne soit que sur mon cadavre.

En disant ces mots, il tira son trâga de sa gaîne (sorte de poignard) et se le plongea dans le cœur.

En même temps que cet acte du messager fut admiré dans l'Inde entière, il souleva contre Sivadj tous les rajahs et tous les brahmes, et Wiswamitra, se mettant à la tête de son armée, envahit le Pounah, fit mettre à mort le rajah coupable et rasa sa capitale.

Depuis cette époque, les bohis, tcharanys et bhâts, au moment d'entreprendre un voyage, font vœu de se donner la mort pour défendre les caravanes qu'ils accompagnent, et les objets précieux qu'ils transportent.

Cette menace de recourir au trâga, c'est-à-dire au suicide, manque rarement son effet sur l'esprit de ceux auxquels elle s'adresse, et dans les cas excessivement rares où les thugs, kallerous et autres écumeurs de routes, ont passé outre, la mort du bohis qui a immédiatement suivi leurs rapines, leur a valu de telles représailles, que de pareils événements n'arrivent pas deux fois par siècle, sur une population de plus de deux cents millions d'hommes.

Dès qu'un bohis se met en route, la caste tout entière est intéressée d'honneur à la réussite de son entreprise; on note le jour de son départ, on s'inquiète de son retour, et s'il tarde à rentrer après le temps nécessaire à l'accomplissement de sa mission, de tous côtés on lance des émissaires pour savoir ce qu'il est devenu, et d'aventure s'il s'est tué pour ne pas laisser violer son dépôt, lui vivant, tous les bohis, tcharanys et bhâts, du nord au sud, de l'est à l'ouest, reçoivent avis de ce qui s'est passé, avec le nom du lieu où le crime s'est commis et des gens à qui il est attribué, et immédiatement commence une guerre d'extermination, dans laquelle les bohis tuent indistinctement tous les membres de la caste maudite qui leur tombent sous la main. Ils ne font grâce ni aux femmes ni aux enfants, et cette lutte, dans laquelle les messagers ont pour eux toutes les castes de l'Inde, dure souvent plusieurs générations.

Il y a environ soixante ans, toute la caste des yavals, qui vivait de maraudes dans les Nielguerries, montagnes du sud de l'Indoustan, disparut pour un fait de ce genre; pendant un quart de siècle, les bohis lui firent la chasse et finirent par la détruire en entier, sans que les Anglais aient pu s'y opposer; ils auraient soulevé l'Inde entière contre eux. Si le bohis lui-même venait à se rendre coupable de détournement de la chose confiée, non-seulement lui, mais toute sa famille seraient mis à mort par les membres de leur propre caste.

Ces sauvages traditions d'honneur, *si ces deux expressions se peuvent employer ensemble,* ont entouré cette caste des messagers d'un tel prestige, que les négociants européens chargent ses membres de tous leurs transports dans l'intérieur, et que les gouvernements anglais et français n'hésitent jamais à leur confier sans aucune garantie, des sommes importantes qui doivent servir à la solde des troupes dans les établissements éloignés.

Un seul bohis est préférable à un bataillon d'escorte. Vous pouvez lui confier ce que vous avez de plus précieux au monde, votre femme, vos enfants, votre fortune, leur laisser faire sous sa garde trois et quatre cents lieues dans l'intérieur, il n'y a pas d'exemple que le précieux dépôt n'ait pas été rendu à destination.

Il m'est arrivé souvent d'aller rejoindre mon mari qui se trouvait dans quelque station de l'intérieur, et de faire soixante et quatre-vingts lieues dans un palanquin porté par six bohis; jamais je n'ai eu à leur reprocher l'ombre même de la plus légère inconvenance; quand je descendais de palanquin ils s'agenouillaient dans la poussière la face dans les mains pour me témoigner leur respect, chose qu'ils n'eussent point faite en temps ordinaire.

Lorsque j'étais obligée de coucher dans un bengalow avec mes deux ayas indoues — femmes de service — qui suivaient dans une charrette à bœufs; toute la nuit, ils faisaient la garde autour de la maison, allumant de grands feux pour éloigner les fauves, et Tchi-Naga, notre fidèle serviteur, qui appartenait à cette caste si honnête et si dévouée, se couchait en travers de la porte, son kandjar à la main — long poignard recourbé.

Dans certaines provinces de la côte malabare, les bohis joignent à leurs fonctions de messagers celles de *cautions* des emprunts.

Lorsqu'un riche négociant de la caste des commoutys, ou quelque rajah ont besoin d'argent, ils s'adressent à un bohis qui leur fait prêter la somme nécessaire en donnant sa *vie* comme garantie.

Le jour de l'échéance, si le débiteur n'acquitte pas sa dette, le bohis va se placer sous la verandah de sa maison et le somme de se libérer au plus tôt; s'il résiste, il commence à exécuter sa clause de garantie; il s'ouvre le sein d'un coup de poignard, annonçant que si la somme due n'est pas payée au coucher du soleil, il se plongera son arme dans le cœur. Comme il le ferait sans hésiter, vouant sa vengeance à tous les membres de sa caste, l'emprunteur, pour échapper à une mort certaine, et à des représailles qui n'épargneraient pas sa famille, s'exécute immédiatement, et s'il n'en a pas les facilités, s'adresse à sa caste qui, sans hésiter, lui fournit les moyens de se libérer.

Malgré les dangers d'accepter une aussi terrible caution, ce mode d'emprunt est moins rare qu'on ne pourrait le croire ; il est du reste fort prisé des prêteurs qui sont assurés de cette façon de ne jamais perdre leur créance.

. . . .

Sur les dix heures du matin, après une courte halte pour déjeuner, nous pénétrâmes dans la jungle. On se ferait difficilement une idée de l'émotion qui s'empara de moi, lorsque nos montures et l'escouade de Sravana, rabatteurs en tête, pénétrèrent dans les hautes herbes qui, en certains endroits, dépassaient la tête des éléphants.

Le major, après avoir mis tout son monde en ordre de bataille, donna l'ordre de s'avancer en demi-cercle jusqu'à un petit bois de tamariniers, dont nous apercevions le feuillage d'un vert sombre à trois ou quatre milles dans la plaine. Notre éléphant Narayanin et le vieux Soupramany furent placés à quelques pas en arrière du centre, et notre ami enjoignit de nouveau à leurs cornacs de ne les engager sous aucun prétexte.

Il y avait peu d'apparence que les tigres, si

on venait à les rencontrer, pussent forcer la première ligne d'éléphants et arriver jusqu'à nous; le major voulait surtout nous éviter l'effroi que n'aurait pas manqué d'exciter en nous, une lutte corps à corps avec nos gardiens.

La chasse, ce jour-là, devait être une simple reconnaissance, mais personne ne songeait plus aux projets de la veille; la vue de la jungle avait exalté hommes et animaux, et je compris que nous allions assister à une poursuite en règle.

Sur notre passage, les chacals et les hyènes s'enfuyaient en hurlant; à chaque instant des chats sauvages, surpris dans leurs réduits d'herbes sèches, sautaient à la trompe des éléphants qui, d'un seul tour de leur redoutable membrane, leur cassaient les reins et les jetaient sous leurs pieds; de temps à autre sur les bords des marécages, un alligator troublé par le bruit soulevait sa tête hideuse, et plongeait immédiatement dans la vase, en voyant quels étaient les ennemis qui venaient le troubler dans sa retraite, et des milliers d'oiseaux aquatiques s'élevaient en tourbillons, avec ce cri rauque et monotone qui est le propre de leur race.

Comme nous approchions des tamariniers, nous traversâmes, par un gué, le Magna qui serpentait dans la plaine; les deux rives étaient entièrement piétinées par les fauves, qui avaient choisi cet endroit pour leur abreuvoir.

Sur l'autre bord, le paysage changeait d'aspect; les hautes herbes avaient fait place à un épais tapis de mousses séculaires, dans lequel nos montures entraient jusqu'aux genoux, et d'épais bosquets de bambous parsemaient la plaine; on ne voyait de tous côtés, que des ossements de bœufs et de moutons, dont plusieurs à demi rongés ne devaient dater que de la dernière nuit.

Le tigre aime à établir sa tanière dans l'épais fourré des bambous, où il se repose pendant le jour, indifférent à tous les bruits qui l'entourent, à ce point que les bergers vont parfois chercher dans la jungle quelque animal égaré, sans que ce roi des solitudes daigne se déranger pour les châtier de leur témérité.

Sans nul doute, la plupart de ces réduits étaient habités. Sur un signe du major, la caravane s'arrêta.

Les rabatteurs, qui appartiennent à la caste des

Malis, et dont la profession consiste à pousser, avec une audace peu commune, le tigre hors de son repaire, se divisèrent par groupes de six et, ayant chacun un éléphant derrière eux, s'avancèrent armés de longues lances près des touffes de bambous; comme toujours, Sravana tenait la tête.

Sur l'ordre de leurs cornacs, Narayanin et Soupramany s'arrêtèrent en frémissant. Il nous était interdit d'aller plus loin. Nous étions admirablement placées, pour ne rien perdre de ce qui allait se passer.

La station que notre hôte nous avait assignée, était formée par le plateau d'un petit monticule qui dominait toute la plaine.

Le spectacle était plein de grandeur, et d'étranges frissons nous agitaient, ma compagne et moi, en regardant s'avancer à pas lent ces groupes d'hommes résolus, que suivaient nos six éléphants en se dandinant, comme s'il se fût agi pour eux d'une simple promenade.

Mais pour ceux qui connaissaient bien ces animaux, ces mouvements, en apparence pleins de nonchaloir, cachent de terribles tempêtes de colère ; plus l'éléphant paraît calme, plus il est voisin de la fureur, et l'escouade de chasse de notre ami ne se retenait, bien qu'elle perçût de tous côtés les émanations des fauves, que parce qu'elle était bien dressée.

Les malis mettent leur point d'honneur à ne pas porter de coups à faux au début d'une chasse, et à débusquer un tigre à la première tentative. Ceux qui étaient appuyés par Sravana, négligèrent cinq ou six touffes de bambous qu'ils rencontrèrent d'abord sur leur route, et se dirigèrent sur un bosquet plus volumineux que les autres ; arrivés à portée, ils envoyèrent adroitement leurs lances en bois de fer dans le fourré et se replièrent en toute hâte derrière leur colossal allié.

A peine les lances eurent-elles pénétré dans le feuillage des arbrisseaux et des lianes, qui encombraient les pieds des bambous, qu'un rugissement à faire trembler les plus braves, éclata dans le fourré, et qu'un magnifique tigre royal, bondissant hors de sa cachette, vint tomber sur l'épais gazon ; comme il prenait son élan pour s'élancer de nouveau, trois coups de feu retentirent à la fois, et l'animal, atteint à bout portant par les balles explosibles, s'affaissa pour ne plus se relever. Lorsqu'on le visita, on s'aperçut qu'une balle lancée par la main sûre du major, lui avait éclaté dans le cou et presque séparé la tête du tronc.

Sravana n'avait point bougé; il s'était contenté de relever la trompe pour se mettre en garde.

Au bruit des coups de feu, quatre tigres s'élancèrent des fourrés voisins, et sans hésiter bondirent sur les éléphants. Le tigre des Sunderbounds attaque toujours.

Deux furent saisis, pour ainsi dire, à la volée, par la robuste trompe de leurs adversaires, qui les broyèrent immédiatement sous leurs larges pieds; le troisième, d'un élan désespéré, parvint jusque sur la tête de l'éléphant qu'il chargeait et s'y cramponna; le cornac se laissa rapidement glisser à terre, et son intelligent compagnon s'étant subitement roulé sur le sol, écrasa son ennemi. Le dernier, qui d'abord avait paru suivre ses camarades, effrayé sans doute par le bruit, au lieu de continuer sa marche en avant, fit un crochet subit et s'enfonça dans le bois de tamariniers. Il était de petite taille, et le cornac de Soupramany nous assura qu'il devait être à peine âgé de six à sept mois.

Cette lutte n'avait pas duré un quart d'heure, et, sans que nous ayons eu à déplorer le moindre accident, chose fort rare dans ces chasses, où l'on perd presque toujours un ou deux rabatteurs, quatre tigres gisaient sur le terrain.

Tout cela s'était passé si rapidement, et il ne saurait en être autrement avec la disproportion des forces des deux combattants, qu'il nous semblait avoir été le jouet d'une hallucination. Les éléphants fouillèrent ensuite la forêt de tamariniers en tous sens, mais ils ne rencontrèrent pas de nouveaux adversaires.

Nous étions au moment le plus chaud de la journée, et on décida de chercher, pendant une heure, un abri sous le feuillage avant de continuer la poursuite. Les Malis mirent ce temps à profit et, avec une dextérité peu commune, enlevèrent la peau des félins, que nous désirions conserver, malgré les déchirures que leur avaient faites les balles explosibles et les défenses des éléphants.

Ce premier acte de l'excursion contre les terribles animaux qui ravageaient les troupeaux du major, nous avait enchantées, ma compagne et moi ; à part les émotions diverses qu'excitent toujours la vue de la jungle avec ses étranges habitants, nous étions aussi en sûreté dans notre haoudah, que si, des gradins d'un cirque, nous eussions contemplé, dans une fosse, un combat d'animaux féroces.

Mais nous ne devions pas aller plus loin... Sur l'avis de notre hôte, ces messieurs décidèrent, à l'unanimité, que les nécessités de la chasse exigeaient impérieusement le retour des dames à Magna avec Narayanin qui, après nous avoir rendues à destination avant le coucher du soleil, se remettrait en marche immédiatement pour venir rejoindre la caravane.

Au rapport des rabatteurs, qui depuis plusieurs jours suivaient les pistes des tigres, le gros de la troupe se réfugiait, chaque matin, dans les plaines basses entrecoupées de marais, qui s'étendaient au delà de la forêt, et il était d'une vulgaire prudence de ne pas ajouter à toutes les précautions qu'on allait être obligé de prendre, l'ennui d'avoir à s'occuper de notre sûreté.

On n'était pas sûr, du reste, que Narayanin se montrât aussi calme, et il pouvait parfaitement arriver que s'échauffant à la vue de la lutte, il voulût y prendre part, et nous entraînât dans les marais.

En dehors même de tout danger immédiat, devait-on nous imposer la fatigue de passer plusieurs nuits en forêt ? Une chasse ordinaire se fût terminée après le premier assaut, dont les résultats avaient été merveilleux ; nous devions donc être amplement satisfaites ; à partir de ce moment ce n'était plus une partie de plaisir qui allait se continuer, mais bien une poursuite énergique pour refouler dans le sud des Sunderbounds, les dangereux hôtes qui rôdaient autour de la plantation, et donner un peu de quiétude aux kouroubas — bergers — et aux troupeaux, jusqu'à la prochaine saison des pluies, qui devait de nouveau chasser les tigres de leurs réduits envahis par les eaux.

Le major ajouta, en souriant, que sa décision à cet égard était prise dès le matin, mais qu'il avait tenu à nous faire les honneurs de l'ouverture avant de nous en parler, comptant bien au surplus qu'une journée de fatigue aurait plus de poids sur notre propre décision que les raisonnements les plus logiques.

Ces messieurs ne purent s'empêcher de rire de cette explosion de franchise un peu anglaise, et nous répondîmes en plaisantant à notre ami : que ses dernières paroles venaient de détruire toute la galanterie de sa conduite première, et que nous avions grande envie, par pur esprit de contradiction, de ne pas courber la tête sous ses arrêts, qui revêtaient quelque chose du parfum sauvage de la jungle.

L'Anglo-Saxon de pure race, c'est-à-dire qui n'a pas reçu un peu de ce badigeon normand, dont l'aristocratie anglaise est si fière, ne comprend guère certaines délicatesses du badinage français ; il est un peu comme son congénère d'outre-Rhin, avec cette différence que quelques instants après il ne s'occupe plus de ce qu'il n'a pas compris, tandis que l'Allemand passe trois jours à digérer un bon mot entre bière et choucroute, applique les incommensurables trésors de patience de sa lourde intelligence à en découvrir le sens, et finit par se pâmer de ce rire épais que l'on connaît, quand il croit avoir surpris quelque chose ; le bon major crut nous avoir blessées ; nous le rassurâmes en lui donnant le vigoureux *shake hand* du départ.

A notre tour, nous nous crûmes en droit de parler le langage de la prudence, et, pour calmer nos appréhensions, ces messieurs nous promirent de se servir de notre haoudah, barricadé de tous côtés par des tiges de fer, que le cornac de Narayanin reçut l'ordre de rapporter avec lui.

Avant de partir, nous tînmes à voir établir la tente qui devait les abriter pendant la nuit ; elle fut placée sur le petit plateau qui nous avait servi d'observatoire pendant la chasse, et on nous expliqua que Sravana, son escouade et le vieux Soupramany, en tout huit éléphants, seraient postés en cordon tout autour, de façon à en interdire l'approche aux visiteurs dangereux.

Tranquilles de ce côté, nous consentîmes à regagner Magna ; nous commencions en effet à ressentir la privation de ces mille et un riens, qui sont des nécessités de la vie de la femme, et qu'on ne saurait se procurer dans un haoudah sur le dos d'un éléphant.

J'ordonnai à Tchi-Naga, qui se préparait à nous accompagner, de rester pour veiller sur son maître. — Je compte sur toi, lui dis-je, pour éloigner de lui tout danger.

— Avant que le tigre touche à Saëb, me répondit le brave garçon, il passera sur le corps du bohis !

Nous reprîmes le chemin déjà parcouru le matin ; le soleil baissait rapidement à l'horizon, et nous n'avions que juste le temps d'arriver à l'habitation avant la nuit.

La jungle revêtait de tous côtés des allures plus mystérieuses ; un vague brouillard qui s'élevait des marécages commençait à planer au-dessus des hautes herbes ; de tous côtés dans les fourrés, des troupes de chacals, qui n'osaient pas encore tenir la campagne, nous envoyaient leurs glapissements sinistres, pendant que de temps à autre le cri rauque et strident des alligators se mêlait aux hurlements lointains de quelque panthère, que nous percevions comme un son vague et indéfini. Narayanin, pressé par son cornac, marchait avec la vitesse d'un cheval au galop, et bien que notre haoudah fût parfaitement suspendu, il s'agitait avec un mouvement de tangage comparable à ceux qu'une mer *courte* et agitée imprime aux embarcations. Grâce à cette course rapide, nous avions quitté les hautes herbes et atteint la route de Magna, lorsque le jour disparut presque sans crépuscule.

Narayanin modéra son allure; peu nous importait d'arriver plus ou moins vite maintenant à l'habitation, nous n'avions plus à craindre la rencontre des tourbières, si fréquentes dans ces parages, et contre lesquelles l'éléphant ne peut rien quand il ne voit plus assez pour se diriger. Quand la nuit vous surprend au milieu des jungles, il faut coucher où l'on se trouve, si l'on ne veut s'exposer à disparaître avec sa monture dans ces cloaques de boue, dissimulés par d'épais tapis de verdure.

Le temps était splendide; de tous côtés nous entendions le chant des padials qui ramenaient aux coralys les éléphants de service, pendant que les grands bœufs, qui pâturaient jusqu'au ventre dans les grasses plaines qui bordaient la route, nous saluaient au passage de leurs beuglements prolongés.

Le petit village de Magna que nous traversâmes un peu avant d'arriver, complétement perdu sous bois, était éclairé par une foule de lampes entourées de papiers de couleur, pour les mettre à l'abri du vent; les petits enfants piaillaient à l'envi, sous les vérandahs des demeures, mêlant leurs cris au bruit du pilon manœuvré par leurs mères, qui préparaient les graines du carry pour le repas du soir. Les hommes se reposaient des fatigues du jour en fumant silencieusement leur houkah, dont la fumée odorante parfumait l'air de sandal et d'iris; à les voir, immobiles et demi-nus, appuyés contre les colonnettes en bois de teck qui ornaient le devant de leurs demeures, à demi éclairées par la lueur fugitive des velacous, on eût dit des sculptures en vieux bronze qui faisaient saillie sur la muraille.

Mme Daly nous attendait pour le repas du soir; elle savait que son mari ne devait pas nous laisser passer la nuit dans la jungle. . . . . . .

Les chasseurs rentrèrent cinq jours après; les huit éléphants avaient tué vingt-deux tigres.

QUATRIÈME PARTIE

DAKKA — RADJEMAHL — CHANDERNAGOR

IV

Notre séjour à Vellypoor. — La pêche aux cormorans et la chasse des marais. — Un procès de caste. — Une visite à Dakka. — Le vieux drapeau de la Loge française. — Départ pour l'Hougly. — Sacrifice de la brahmine Kethormonie sur le bûcher de son mari. — Arrivée sur les rives du Gange. — Chandernagor.

Nous restâmes près de deux mois à Vellypoor ; ce fut avec un véritable chagrin que nous vîmes approcher le moment du départ; d'impérieux devoirs réclamaient notre retour à Chandernagor pour la fin du mois de mars.

Le temps avait fui avec une rapidité sans égale au milieu des nombreuses distractions que notre ami s'ingéniait à nous procurer. Tantôt, tous réunis, nous faisions de longues excursions à dos d'éléphants, dans les grands bois qui bordaient la rive opposée du Gange, collectionnant les merveilleux insectes que nous rencontrions en fouillant les mousses séculaires, qui tapissaient le sol, ou les troncs desséchés des vieux baobabs contemporains des âges disparus.

Tantôt, après le repas du soir, montant sur le dingui de plaisance du major, nous nous laissions dériver au fil de l'eau, au bruit des chants des rapsodes du Behar, engagés sur la plantation pour célébrer les louanges des dieux pendant les fêtes du culte brahmanique; ils s'installaient sur l'avant du petit navire, et berçaient notre rêverie par leurs mélodies bizarres, qui s'harmonisaient admirablement avec le paysage étrange qui nous entourait.

D'autres fois, chacun s'en allait au gré de sa fantaisie, les messieurs à la chasse et les dames à la pêche, avec des cormorans dressés à cet effet par les macouas de notre hôte.

Je ne connais rien de plus attrayant que ce dernier passe-temps.

Nous nous rendions, au soleil levant, sur les bords du fleuve avec deux ou trois de ces énormes oiseaux, qui, pris au nid et habitués à ne recevoir leur nourriture que de la main de l'homme, nous suivaient aussi fidèlement que des chiens.

On avait soin de ne pas leur donner la ration accoutumée du matin, pour les rendre plus disposés à la poursuite du poisson, et, afin qu'ils ne s'attribuassent pas leur pêche, on leur passait autour du cou un anneau d'argent, qui, sans les gêner dans leurs mouvements, s'opposait cependant à ce qu'ils pussent avaler leur proie.

Dès que nous leur donnions le signal, ils se précipitaient sur les bords de la rivière, courant en tous sens avec de l'eau jusqu'au ventre, fouillant la vase *de leur long bec emmanché d'un long cou.* Tout à coup ils disparaissaient presque entièrement sous l'eau, se relevaient rapidement en secouant leurs ailes, et revenaient en toute hâte sur le sable du rivage où ils faisaient des efforts inouïs pour avaler un poisson, une anguille ou une grosse crevette qu'ils avaient enlevés (1). On les prenait alors par le cou et on obtenait d'eux, le plus facilement du monde, le produit de leur pêche.

Dès qu'ils se sentaient saisis, ce qui était facile, car ils ne cherchaient pas à fuir, ils laissaient

(1) Il y a dans le Gange de grosses crevettes qui pèsent jusqu'à deux ou trois livres.

tomber les poissons sur le sable, et les macouas qui nous accompagnaient, les portaient immédiatement dans le vivier de l'habitation.

Les poissons trop petits pour être conservés, étaient placés dans un grand vase plein d'eau, et, la pêche finie, on les donnait aux cormorans pour les récompenser, après leur avoir préalablement enlevé leurs anneaux.

Quelles douces et charmantes heures, nous avons passées ainsi, loin de toutes ces agitations incessantes, dans lesquelles les peuples civilisés ont placé leur bonheur !

Que de fois, les yeux fixés sur l'immense nappe du fleuve, assise dans quelque réduit solitaire, à l'ombre des banians, dont le feuillage revêtait mille nuances diverses sous ce ciel toujours bleu, n'ai-je pas recherché où allaient tous ces efforts, à quoi tendaient toutes ces luttes sacriléges dans lesquelles se complaisent les nations qui prétendent être à la tête du progrès humanitaire ! Et toujours il m'a semblé que, sous couleur de civilisation, se cachaient des haines brutales et des appétits inassouvis. Et quand je voyais les pauvres Indous, à qui il faut si peu pour vivre et être heureux, courbés sous la main de fer d'hypocrites puritains qui les écrasent de travail et d'impôts... je me demandais parfois si la justice et le bien n'étaient pas les illusions continues de la vie...

Souvent aussi nous allions, au lever du soleil, chasser les canards sauvages et les sarcelles, sur les rives du Khoursoor, petit lac alimenté par les eaux du Magna, et situé à deux milles seulement de Vellypoor.

Le gibier aquatique est si nombreux, non-seulement sur les lacs et cours d'eau des Sunderbounds, mais encore sur tous les étangs et rivières des différentes provinces de l'Inde, qu'il n'y a véritablement aucun mérite à faire des hécatombes de pluviers dorés, de poules d'eau, de macreuses, de sarcelles, et surtout de ces gros cravants jaunes, de l'espèce des bernaches, moitié oies, moitié canards, dont la vie sédentaire s'écoule tout entière dans les marais où ils sont nés.

Le fusil était sévèrement proscrit de ces chasses, qui se faisaient à la manière indoue.

Les macouas ont un moyen des plus ingénieux

pour s'emparer de ces animaux. Sur les étangs ou les lacs où ils ont l'habitude de les poursuivre, ils laissent à demeure flotter sur l'eau d'énormes panelles en terre cuite, sortes de bombes creuses munies d'un orifice très-étroit, dans lesquelles on a l'habitude de conserver l'eau fraîche. La gent emplumée s'accoutume à voir ces objets dériver à droite et à gauche, suivant les caprices du vent et des flots, et bientôt ils n'ont plus rien d'extraordinaire pour elle.

Les jours de chasse, on pourrait presque dire de pêche, les Indous prennent chacun une de ces panelles, dont ils élargissent l'orifice de façon à pouvoir y passer la tête ; ils font de petits trous ronds dans la partie qui doit faire face aux yeux, et, munis de ce singulier casque qui leur tombe sur les épaules et leur cache la tête entière, ils entrent dans l'eau jusqu'au cou, et s'avancent lentement vers les bandes d'aquatiques, qui les laissent approcher sans défiance, habituées qu'elles sont à voir les panelles voguer à l'aventure au moindre souffle de la brise. Les macouas s'y prennent avec une telle habileté, que quelques minutes après leur entrée dans l'eau, d'ordinaire nous ne distinguions plus les bombes de terre sous lesquelles ils s'abritaient, de celles qui flottaient en liberté sur le lac.

Arrivés au milieu des canards, chaque Indou saisit délicatement par les pattes un de ces animaux, et l'attire immédiatement sous l'eau ; l'opération doit être faite avec une rapidité telle, que le prisonnier n'ait pas le temps de pousser le moindre cri.

Une seconde d'hésitation suffit pour que l'éveil soit donné, et, bien qu'il n'ait rien vu, tout le troupeau ailé, en entendant le cri d'alerte d'un des siens, s'envole à l'extrémité opposée du lac.

La chasse n'est point terminée par cet incident, on s'attaque aux autres bandes qui pullulent littéralement sur le moindre cours d'eau, et surtout à ces gros canards sédentaires, qui atteignent le volume d'une oie, et qui ne font que voleter sans jamais parvenir à s'élever au-dessus des flots.

La basse-cour du major était pleine de ces énormes cravants, qu'on rapportait de ces excursions, et qui, croisés avec les canards domestiques, donnaient des produits de table réellement supérieurs.

L'Anglais est né éleveur et surtout engraisseur; sous toutes les latitudes où vous le rencontrez, et quelle que soit sa position sociale, il accouple, croise, pousse à la graisse et se pâme d'admiration dès que, par l'engorgement des tissus adipeux de ses victimes, il parvient à obtenir un produit qui n'a plus de forme... Les grands propriétaires s'exercent sur le bœuf et le mouton, les petits sur les porcs et les volailles, et hurrah pour la vieille Angleterre! lorsque ces sujets ne peuvent faire un pas sans crics et cabestans. Tout cela n'a plus ni pattes, ni cornes, ni museau, ni apparence de race, cela ne crie plus, ne beugle plus, ne grogne plus... Ce n'est plus qu'une montagne de chair, nageant dans un océan de lard.

Dans le langage d'Albion, cela s'appelle perfectionner les espèces. Notre ami, qui ne pouvait rompre avec les coutumes nationales, s'était adonné au croisement des races aquatiques, et il les avait tellement perfectionnées, que toutes celles qui ornaient sa basse-cour se chauffaient au soleil comme des mollusques, sans pouvoir ni marcher, ni remuer les ailes. Deux fois par jour un coolie venait les gaver, car elles arrivaient rapidement à ne plus pouvoir manger seules, et quand on les livrait au couteau du sacrifice, la graisse était bien près de les étouffer.

Nous plaisantions assez souvent le major à ce sujet, ce qu'il ne faudrait pas faire avec tous ses compatriotes ; mais c'était un homme qui savait son monde, ses angles saxons s'étaient usés à des contacts cosmopolites, et il riait assez volontiers de la manie *nationale*.

Les derniers jours que nous passâmes sur l'habitation de Vellypoor furent tristes ; nous allions laisser de grands regrets et en emporter de non moins vifs.

Au sein des immenses solitudes de l'Indoustan, les liens d'amitié se resserrent avec une force d'autant plus grande, qu'aucune compétition d'intérêt ou d'ambition ne vient les relâcher ; au milieu du calme de cette admirable nature, pleine d'oiseaux, de végétations luxuriantes, de parfums et de soleil, tout ce qu'il y a de bon dans l'homme s'échappe du cœur, on est heureux de vivre, on a besoin d'aimer son semblable et d'en être aimé. L'absence de la lutte et des soucis matériels de l'existence, fait que l'on vit par l'esprit et les nobles instincts, beaucoup plus sous les tropiques que dans les brumeuses contrées du Nord.

La veille de notre départ, le major fut appelé à intervenir dans une bien singulière affaire de caste.

Un petit village de la caste des Kourvas, ou bûcherons, dépendant du mirasdarat, demandait l'exclusion de la caste de toute une famille, pour les motifs les plus graves, disait la plainte. Une décision conforme des chefs étant intervenue, la famille frappée en référa à notre ami, avant de s'adresser au tribunal supérieur de Dakka, qui a le pouvoir de réformer les sentences des chefs de caste.

De toutes les pénalités qui peuvent atteindre un Indou, celle qu'il trouve la plus forte, la plus dure à supporter, est celle du rejet de sa caste.

Cette exclusion a lieu d'ordinaire pour la violation des usages religieux et civils de la caste, ou pour quelque délit ou faute publique qui déshonorerait toute la tribu si elle restait impunie. C'est une sorte d'excommunication, qui prive celui qui l'encourt de tout commerce avec ses semblables.

Elle le rend pour ainsi dire mort au monde. En perdant sa caste, il perd non-seulement ses parents et ses amis, mais encore quelquefois même sa femme et ses enfants, qui aiment mieux l'abandonner tout à fait, que de partager sa mauvaise fortune.

On lui interdit l'eau, le riz et le feu.

S'il a des filles à marier, elles ne sont recherchées de personne, et l'on refuse pareillement des femmes à ses fils. Il doit s'attendre à ce que partout où on le rencontrera, il sera chassé comme un être impur, s'il est reconnu.

En perdant sa caste, l'Indou ne peut se faire admettre dans une autre, même inférieure à la sienne; il tombe dans la classe abjecte des parias.

Les transgressions qui attirent après elles une semblable pénalité, ont la même gravité, quoique involontaires. Ainsi un paria qui, cachant sa basse origine, entrerait dans une maison indoue et y recevrait l'hospitalité sans être reconnu, exposerait tous ceux qui auraient communiqué avec lui à perdre leur caste. Aussi est-il inutile de dire, que cette pauvre victime du gouvernement sacerdotal de l'Inde ne se hasarde jamais à pénétrer dans la compagnie des autres classes; il se ferait infailliblement assommer, si ses hôtes venaient à le reconnaître.

Il me serait impossible de donner même la simple nomenclature de tous les faits d'ordre religieux et civil qui peuvent faire perdre à l'Indou sa *qualité,* à laquelle beaucoup, pour ne pas dire tous, tiennent plus qu'à la vie. Qu'il me suffise de dire : que tous les manquements graves, toutes les fautes, tous les crimes étaient, dans l'ancien droit des Indous, punis par cette seule pénalité appliquée à titre temporaire ou perpétuel.

Par manquements graves, les Indous entendent souvent des choses qui sont pour nous tellement puériles, qu'on a peine à croire que des gens sensés puissent y attacher la moindre importance.

J'emprunte à un recueil de contes indous le récit suivant qui donnera une idée de ces faits graves dont les Européens ne peuvent s'empêcher de rire :

« Onze brahmes voyageaient ensemble; étant obligés de traverser un canton désolé par la guerre, ils arrivèrent épuisés de faim et de fatigue dans un village qui, contre leur attente, se trouva désert. Ils avaient avec eux une petite provision de riz; mais ils ne trouvèrent, pour le faire bouillir, d'autres vases que ceux qui avaient été laissés dans la maison du blanchisseur du village. Les toucher seulement était pour les brahmes une souillure presque ineffaçable. Cependant, pressés par la faim, et s'étant juré mutuellement de garder le secret, ils préparèrent leur nourriture dans ces vases, après les avoir cent fois nettoyés avec de l'eau et du sable.

« Le repas servi, ils en mangèrent tous, à l'exception d'un seul qui refusa d'y participer, et qui ne fut pas plutôt arrivé au lieu de leur domicile commun, qu'il alla dénoncer les dix autres aux principaux brahmes du village. Le bruit d'un pareil scandale fut bientôt répandu, et excita une grande rumeur parmi tous les habitants; on s'assembla, les délinquants furent obligés de comparaître; mais prévenus d'avance du procès qu'on devait leur intenter, ils prirent leurs mesures, et, comme ils en étaient convenus, ils répondirent d'une voix unanime que c'était leur accusateur lui-même, qui seul avait commis la faute qu'il leur imputait méchamment.

« Le témoignage de dix personnes devant l'emporter sur celui d'une seule, les accusés furent absous, et l'accusateur seul fut chassé de la caste brahme par les chefs qui, tout en se doutant bien de ce qui s'était passé, furent heureux d'avoir ce motif de punir une lâche délation. Et chacun, en sortant de la séance, disait, heureux de cette sentence :

« Ainsi soient frappés tous les délateurs. »

La délation entre gens de même caste est chose presque inconnue dans l'Inde et, dans tous les cas, souverainement méprisée. Malgré cela, le préjugé religieux est tel que les dix brahmes eussent été frappés d'exclusion, pour avoir préparé leurs repas dans les ustensiles de cuisine d'un blanchisseur, s'ils n'avaient trouvé le moyen de s'y soustraire, en rejetant la faute sur leur accusateur.

En outre des cas où le rejet de la caste n'est que temporaire, il existe plusieurs autres cas où l'exclu peut être réintégré dans sa caste, lorsque l'exclusion n'a été prononcée que par ses parents; le coupable, après avoir gagné les principaux d'entre eux, se présente dans une humble posture avec les signes du plus vif repentir devant la caste assemblée, reçoit sans se plaindre les réprimandes et les coups qu'on lui adresse, paye l'amende à laquelle on le condamne, et promet de ne plus retomber dans la faute, qui lui a valu la terrible punition qu'on consent à lui enlever.

Il donne alors un repas somptueux, à tous les chefs de caste qui ont assisté à la réunion, et à tous les brahmes présents, moyennant quoi il est réintégré dans sa caste.

Lorsque l'exclusion de la caste a été prononcée pour des faits exceptionnels, le coupable ne peut obtenir sa réhabilitation, qu'après avoir été soumis à certains supplices qui jouissent de la faculté de purifier toutes les souillures. Ainsi on lui brûle la langue avec un lingot d'or, on lui applique un fer rouge sur les bras et les épaules, de façon à produire des marques ineffaçables, et qui lui soient comme un perpétuel avertissement d'avoir à ne plus retomber dans les mêmes erreurs ; ou bien encore on le fait courir pieds nus sur des charbons ardents.

Il y a des fautes si graves qu'aucune purification ne saurait les enlever et qui font bannir de toute caste à perpétuité, non-seulement le coupable, mais encore tous les membres de sa famille. Par exemple, l'acte d'un brahme d'épouser une femme paria, ou celui de manger de la chair de vache.

Le dernier de ces faits fut, il y a quelques années, dans le Maïssour, l'objet d'un débat célèbre, qui est encore à la mémoire de tous dans le pays, et la sentence rendue forme, comme l'on dit dans le langage des jurisconsultes, le dernier état du droit.

Le père du dernier rajah de cette contrée était musulman. Esprit fanatique et par conséquent intolérant, pendant la durée d'un règne assez long, il avait fait circoncire de force des milliers de brahmes et de soudras, et les avait ensuite contraints à manger de la chair de vache, comme un signe non équivoque de renonciation à leurs antiques usages de caste.

A la mort de ce prince, son fils ayant rendu à chacun le libre exercice de son culte, tous ceux qui avaient été obligés d'embrasser la loi du Prophète voulurent revenir à la foi brahmanique, et ils offrirent de payer toutes les amendes dont on les frapperait, et de supporter toutes les tortures expiatoires qu'on voudrait leur imposer.

Seringapatam fut la ville choisie pour la réunion du congrès religieux, qui devait décider de cette grave question. Toutes les pagodes de la province y déléguèrent leurs pundits ou brahmes savants, et il y fut décidé à l'unanimité, qu'on pouvait être purifié des diverses souillures résultant de la circoncision et de la communication avec les musulmans ; mais le crime d'avoir mangé, quoique par force, de la chair de vache, fut unanimement déclaré irrémissible, et de nature à ne pouvoir être effacé ni par les amendes ni par le feu, tout corps ayant mangé de l'animal révéré n'étant capable d'être purifié que par la destruction.

On promit cependant l'absolution et une renaissance illustre dans une nouvelle transmigration, à tout Indou devenu musulman, qui consentirait à monter sur un bûcher.

Trois ex-brames seulement goûtèrent ce conseil, et se brûlèrent publiquement sur un bûcher de sandal; les autres préférèrent rester mahométans.

Le culte vraiment extraordinaire que le peuple indou professe pour la vache vient de ce que, dans leurs croyances, les hommes échappés au dernier déluge et réfugiés sur les hauteurs de l'Hymalaya furent, pendant de longs mois, en attendant que la terre asséchée fût de nouveau habitable, nourris par le lait d'un troupeau de vaches qui les avait suivis.

En mémoire de cela, cet animal fut déclaré inviolable.

On doit comprendre, après ces explications, combien un procès en exclusion de caste est grave dans l'Inde, quelle que soit d'ailleurs la puérilité des motifs invoqués.

J'arrive maintenant au début des kourvas de Vellypoor. Depuis quelque temps, un Indou de cette caste, du nom de Goutenath-Manah, était rentré dans son village après une absence d'une dizaine d'années; il parlait parfaitement le français et l'anglais, et les mauvaises langues du lieu prétendaient qu'il avait couru le monde sur les vaisseaux des Européens, et qu'il avait dû là se nourrir de toutes sortes de viandes défendues par la loi religieuse, et contracter des souillures aussi nombreuses que les brins d'herbe de la jungle. Mais comme aucun témoin ne pouvait en déposer et qu'il prétendait de son côté n'avoir jamais quitté l'Inde ni transgressé les prescriptions de sa caste, les chefs, bien que poussés par l'opinion publique et malgré leurs propres désirs, ne trouvaient pas de motifs pour l'exclure de la caste. On n'y eût peut-être pas regardé d'aussi près, mais les sentences de cette sorte touchant à l'état civil de l'inculpé, étaient justiciables de la cour anglaise de Dakka, et on ne voulait pas s'exposer légèrement à un arrêt d'infirmation. Des espions apostés l'épièrent alors dans tous ses actes et, un beau jour, il fut sommé de comparaître devant le tribunal de la caste.

Cinq témoins vinrent déposer qu'on l'avait vu la veille, dans la forêt, en conversation avec une jeune fille paria, et qu'il lui avait même pris une fleur dont la pauvrette avait orné sa noire chevelure... Grand émoi, indignation générale; toute la caste est déshonorée par ce fait audacieux : accepter une fleur portée par une fille de la classe impure!... Le rejet de la caste put seul punir un pareil forfait; la famille de l'accusé ayant voulu le défendre, on l'engloba dans la même sentence.

L'affaire en était là, lorsque Goutenath-Manah vint se plaindre au major.

Ce dernier décida qu'avant de l'expédier aux juges d'appel, le jugement serait révisé par tous les chefs de caste des différents villages, sous sa présidence.

Nous assistâmes à cette curieuse audience.

Pendant toute une journée, les Indous, que la moindre solennité exalte, s'en donnèrent à cœur joie.

On interrogea les parties, on reçut tous les témoignages qui se présentèrent. Tout le village habité par les accusés y passa. Chacun avait quelque chose à dire, et avant de déposer ne manquait pas de raconter l'histoire de sa famille.

Le soleil allait se coucher et on pensait qu'il n'y avait plus qu'à rendre l'arrêt, lorsqu'on s'aperçut, en frissonnant, qu'il y avait un avocat. Goutenath-Manah avait fait venir, sans prévenir personne, le plus célèbre pundit — lisez *sollicitor* — des tribunaux de Dakka. Grands dieux! à quelle heure allions-nous nous coucher?

Les anciens du village, qui avaient porté la plainte et qui encouraient l'amende si Goutenath et sa famille étaient absous, demandèrent eux aussi à se pourvoir d'un défenseur. Le major, qui n'aurait pas retardé l'heure de son dîner pour entendre Palmer ou Berryer, renvoya l'affaire au lendemain pour *ouïr les conclusions et plaidoiries des parties*...

Pendant la nuit un exprès fut expédié à Dakka pour ramener un émule de l'avocat du défendeur.

Le jour se leva sans se douter de l'importance du tournoi qu'il allait éclairer.

Les faits étaient avoués de part et d'autre. Dans ses déclarations, la jeune Mohinie n'avait contredit la plainte que sur un seul point; elle prétendait que la fleur enlevée en jouant par

Goutenath-Manah n'était point dans sa chevelure, mais à sa bouche.

La parole fut donnée à l'illustre Lockinaram-Chondor, une des lumières du barreau de Dakka, avocat du village accusateur, qui était arrivé le matin même à dos d'éléphant. Dans un exorde habile, il débuta par comparer le tribunal présidé par le major à l'ancien Conseil des Soixante-Dix, qui, au temps de la puissance brahmanique, était chargé d'expliquer l'Écriture sacrée.

Puis, se lançant à corps perdu dans le commentaire des Vedas, il nous expliqua qu'il appartenait en philosophie à l'École atomistique de Kanâdi, que l'univers était composé d'*infiniment petits*, dont les affinités naturelles et les agrégations continues produisaient l'infiniment grand, que tout ce que nous voyions était le produit des atomes éternels, et que la dernière molécule vitale était la représentation du Grand Tout, etc... Il continua pendant une heure sur ce ton. Les vieux Indous du conseil étaient dans la jubilation... Le bon major suait sang et eau sous le pankah, mais ne sourcillait pas. Il eût vainement essayé d'arrêter ce torrent d'éloquence indoue... des usages séculaires s'opposent à ce qu'un avocat puisse être interrompu. L'Inde est la terre classique des Petit-Jean...

Saisissant alors la molécule vitale, il la suivit dans toutes ses transformations fatales, entremêlant le tout d'invocations aux forces cachées de la nature. Quand il daigna arriver à l'homme, il y avait cinq heures qu'il parlait. Il fit alors à grands traits l'histoire du développement des sociétés humaines, soumises selon lui à des règles non moins fatales que celles qui dirigent les plantes et les animaux, et de même, dit-il élégamment en terminant, « que l'arbuste des jungles ne peut s'égaler à la rose, l'insecte au majestueux éléphant, de même il y a dans la classification humaine, des races inférieures et des races supérieures, et le paria ne saurait avoir la prétention de se comparer à un homme de caste. »

Il conclut en demandant la confirmation de la sentence prononcée par les anciens du village contre Goutenath-Manah pour avoir accepté une fleur d'une fille appartenant à la caste impure.

Des applaudissements frénétiques éclatèrent

de toutes parts. Le major, qui avait fini par s'endormir, réveillé par le bruit, allait de nouveau remettre la séance à l'issue du déjeuner, lorsque Haram-Chondor-Mogandor, avocat des accusés, demanda à parler simplement pendant le temps que mettrait un sablier à accomplir son évolution, c'est-à-dire pendant quelques minutes.

« Devant des pundits aussi renommés par leur sagesse, dit-il, je n'aurai pas l'inconvenance de me donner des airs de gourou — professeur — faisant une leçon.

« Goutenath-Manah a cueilli dans la chevelure ou sur la bouche d'une fille de la caste impure, une fleur de lotus. Le chasser de la caste pour ce fait serait donner un démenti formel à cette parole des Vedas:

« A l'aube de la création Vischnou, le Verbe éternel, naquit dans le sein d'une fleur de lotus.

« La fleur de lotus est toujours pure, aucun contact ne saurait la souiller.

« Notre divin Manou a dit également :

« Un vieillard de cent ans, un enfant, la

bouche d'une femme et la fumée des sacrifices sont toujours purs.

« Si la fleur de lotus a orné la chevelure de Mohinie, l'emblème divin n'a pu être flétri par ce contact.

« Si elle a été cueillie sur la bouche de la jeune fille, la parole des livres saints la fait doublement pure. Celui qui l'a reçue n'a donc pu en être souillé.

« Goutenath-Manah et sa famille doivent donc être réintégrés dans leur caste, et leurs accusateurs condamnés à l'amende.

« J'ai dit : ce n'est pas aux pundits saëbs (seigneurs de la justice) qu'il faut enseigner la loi. »

Des murmures flatteurs, partis des bancs mêmes du conseil, accueillit cette sobre plaidoirie, et il fut évident pour tous que le célèbre avocat de Dakka venait de gagner son procès.

La sentence des premiers juges fut rapportée.

J'ai tenu à suivre dans tous ses détails cette petite affaire, qui donne une idée exacte des préjugés de caste des Indous.

Un volume ne suffirait pas sur ces mœurs curieuses ; j'ai vu de pauvres diables, rejetés de leur tribu pour avoir porté des sandales dorées, des turbans de telle ou telle nuance, des cannes à pomme d'or, ou fait jouer de la musique à des fêtes de famille, alors qu'ils n'avaient pas droit à ces distinctions.

En 1865, pendant que nous étions à Pondichéry, notre petite colonie d'Yanaon faillit être mise à feu et à sang par des castes rivales, parce qu'un tchakily (savetier) avait osé porter une fleur jaune à son turban.

Voilà à quelles puérilités s'amusent aujourd'hui des peuples qui ont illuminé le monde ancien et inspiré les civilisations modernes. Avec une habileté machiavélique, les Anglais, tout en faisant croire au monde, par les mille voix de la presse, qu'ils travaillent à la régénération de l'Inde, l'entretiennent au contraire, le plus qu'ils peuvent, dans tous ces absurdes préjugés qui sont ses plus puissants moyens de domination.

Le jour où il n'y aurait plus de castes dans cette merveilleuse contrée, toutes les armées de l'Angleterre ne suffiraient pas à tenir sous son joug mercantile deux cent cinquante millions d'hommes unis dans l'amour de la patrie et de la liberté.

Quand Albion parle d'émancipation, songez à l'Irlande ; quand elle parle d'humanité, songez aux milliers de femmes, d'enfants, de cipayes qu'elle a attachés à la bouche de ses canons pendant la malheureuse révolution de 1857, qu'elle avait provoquée par des actes indignes d'une nation civilisée. . . . .

Le jour vint où il nous fut impossible de différer notre départ ; avec les retards imprévus de la route nouvelle que nous allions suivre, il nous restait juste le temps d'arriver à Chandernagor, pour l'ouverture de l'année judiciaire.

Les adieux furent des plus touchants ; nous ne savions pas, les uns et les autres, si nous pourrions nous revoir jamais.

Grâce à l'inépuisable obligeance du major, nous avions changé l'itinéraire que nous nous étions tracé. Pour nous éviter les ennuis d'une longue navigation sur le vieux Gange, notre ami mit à notre disposition Sravana et le vieux Narayanin, ses deux meilleurs éléphants, avec deux haoudahs en forme de lit parfaitement installés.

Il est inutile de dire que le vainqueur du rhinocéros, pour lequel nous avions une véritable prédilection, fut celui que Mme Stevens et moi choisîmes pour nous conduire.

Nous devions nous rendre directement par terre, en suivant la branche du Bouringotta, jusqu'à l'endroit où elle s'échappe du fleuve principal, non loin du lieu où la branche de l'Ougly, dont nous avions parcouru le cours inférieur, part du Gange, pour s'écouler vers la mer par Chandernagor et Calcutta.

Pendant notre trajet, le dingui de M. Stevens devait remonter le vieux Gange jusqu'au-dessus de Malda, et venir nous rejoindre au-dessous de Radjemahl, où il fut convenu que nous l'attendrions.

Comme le trajet que l'embarcation devait accomplir était beaucoup plus long que le nôtre, elle était partie depuis huit jours déjà lorsque nous nous mîmes en route.

Le major Daly nous accompagna jusqu'à Dakka, ville qui, sous Dupleix, avait appartenu à la France, et dans laquelle nous conservons encore une petite loge avec notre pavillon. Nous visitâmes en passant ces débris en ruines de notre ancienne puissance ; l'herbe avait envahi les cours et les chambres du rez-de-chaussée du bâtiment principal ; les murs à demi écroulés laissaient passer de tous côtés les lianes et les arbustes ; le dernier gardien de ce petit territoire encore français sur lequel vivent une douzaine de familles indoues, était mort à côté de son drapeau ; on ne l'avait pas remplacé, et dans l'établissement désert, il n'y avait plus personne pour faire flotter nos trois couleurs. Un haillon déteint pendait encore tristement au bout d'une flèche comme une protestation contre l'inqualifiable oubli dont il était victime... C'était tout ce qui restait de la France, dans ces lieux qu'une poignée de héros avait illustrés de ses exploits légendaires.

Les larmes nous vinrent aux yeux, en voyant ce vieux symbole de la patrie, noirci par le temps, et nous eûmes l'idée de restituer au mât de pavillon les couleurs aimées.

J'achetai, au bazar de Dakka, quelques mètres d'étoffe de soie bleue, blanche et rouge, et après les avoir cousues moi-même, nous hissâmes de nos propres mains le drapeau neuf à l'extrémité de la flèche, en le saluant de vingt et un coups de carabines ; le vieux fut pieusement enterré au pied du mât. Puis nous déjeunâmes, à l'abri de notre glorieux emblème, sur une terre française, dont nous fîmes les honneurs au major et à nos amis...

Le soir, quand nous reprîmes notre marche, le major ne put que nous serrer la main ; l'émotion étouffait sa voix, et il s'élança dans sa voiture qui reprit au grand trot le chemin de Vellypoor.

De Dakka à Radjemahl, il existe une vieille route dallée, œuvre des anciens brahmes, qui est encore dans un admirable état de conservation. Sur cette voie, nous n'avions à craindre aucune fâcheuse rencontre ; ni les fauves, ni les tourbières, ni les boas qui s'abritent dans les marécages ne devaient être un souci pour nous ; mais si la route était plus sûre et surtout plus rapide que celle de la rive même du Gange, elle devait perdre beaucoup en pittoresque et en imprévu ; et aucune péripétie digne d'être conservée n'eût marqué nos huit jours de voyage, si le hasard, ce grand ami du voyageur, ne nous eût fait arriver au village de Djhor, sur la rive gauche de Bouringotta, la veille même d'une des plus terribles cérémonies, dont on puisse être témoin dans l'Inde.

En arrivant, le cinquième jour de notre départ, près de cette aldée où nous avions décidé de coucher, pour nous reposer des fatigues causées par la marche saccadée de nos éléphants; nous fûmes étourdis par le bruit infernal de la musique brahmanique, dont le plus affreux charivari donnerait à peine une idée, qui s'élevait d'une des principales maisons du village. Sous un pandal (sorte de dais tout garni de fleurs), entouré de fakirs et de bayadères, était exposé le cadavre d'un brahme, dont les cérémonies funéraires avaient commencé le jour même. Tous les habitants, ornés de leurs habits de fêtes, emplissaient les rues, mêlant leurs cris et leurs chants aux sons lugubres de la trompe funéraire, qui, à intervalles égaux, faisait entendre de longs gémissements.

La femme du défunt avait fait connaître son intention de se brûler avec le corps de son mari, et à l'annonce de ce cruel spectacle, tout travail avait cessé aux champs et dans l'aldée, pour se préparer par les ablutions, les prières et les chants à la cérémonie du lendemain.

Dans la croyance populaire, tout individu qui assiste à cet acte suprême de dévouement, après l'accomplissement de certaines formalités religieuses, reçoit, par ce fait, l'absolution de toutes les fautes qu'il a pu commettre depuis sa naissance.

Cet usage barbare qui obligeait presque toutes les veuves de certaines castes seulement, car la coutume ne fut jamais générale, à s'immoler volontairement sur le bûcher de leurs maris, n'est plus suivi dans tout le sud, le centre et l'ouest de l'Indoustan, c'est à peine si dans ces provinces on compte une vingtaine de suttys par an sur une population de plus de cinquante millions d'habitants.

Sutty, en langue tamoule, signifie *sacrifice;* ce mot par extension a été appliqué à l'ensemble de la cérémonie, dans laquelle la femme s'immole, mais il n'est pas donné comme un nom à la victime qui monte sur le bûcher, ainsi que quelques voyageurs l'ont prétendu. C'est le nom *du fait* et non celui de *la personne*. *Sutty* enfin n'est pas plus le nom de la femme brûlée, que le mot *ordination* n'est le nom du prêtre qui reçoit ce sacrement.

Ce sont des erreurs de ce genre, trop fréquentes dans les ouvrages des simples touristes, qui se promènent en paquebot de Ceylan à Java, Pékin, etc., qui nous font taxer par l'étranger d'observation superficielle.

Dans la province du Bengale, au contraire, ces genres de sacrifices se comptent par centaines chaque année, sur une population de vingt-cinq millions d'habitants seulement. Pour arrêter ces funestes exécutions, les Anglais ont pris un moyen qui n'a eu d'autre résultat, que d'enfoncer les Indous plus avant encore dans le culte de ce préjugé.

Ils ont astreint toute veuve qui désire partager le sort suprême de son mari, à se présenter devant un magistrat, et à lui déclarer que c'est de son propre mouvement qu'elle a pris cette détermination. Elle est alors laissée maîtresse de son sort.

Il fallait bien peu connaître le caractère indou, amoureux à l'excès des bravades et des héroïsmes exagérés, pour ne pas comprendre que pareille ordonnance était de l'huile sur du feu. En effet, à partir de ce moment, les *suttys* ont augmenté d'année en année dans des proportions effrayantes.

Qui ne comprend tout l'attrait qu'a pour ces caractères orientaux, une promenade triomphale au tribunal de leurs oppresseurs, pour leur montrer qu'ils savent braver la mort et les plus affreuses tortures? Il est peu d'Indous des deux sexes qui, en public, ne soient par vanité capables des plus étranges folies.

La mesure adoptée par les Anglais va donc à l'encontre du but qu'ils avaient l'air de se proposer... Il ne faut pas s'en étonner, mais ils savaient parfaitement d'avance qu'ils n'arriveraient pas à un autre résultat; peu leur importe en effet quelques femmes indoues de plus ou de moins... L'ordonnance dont je parle fait partie de cet hypocrite badigeon d'humanité, de loyauté, d'honneur sous lequel l'Angleterre voile tous ses actes publics. Il ne faut pas que la presse, que l'opinion étrangère, lui reprochent de n'avoir rien fait pour arrêter ces honteux sacrifices... et elle a son petit papier, avec son décret tout prêt, pour nous prouver qu'elle est allée aussi loin que son respect pour la liberté individuelle, qu'elle laisse à tous ses sujets indous, lui permettait de s'avancer.

J'ai dit que ces holocaustes étaient presque inconnus aujourd'hui dans le sud de l'Inde.

Le dernier de ces événements arrivés dans le Tandjaour est relaté ainsi par les annales de ce royaume, tenues par les Anglais, qui entretenaient un résident dans ce pays aujourd'hui soumis.

« Le dernier roi, mort en 1801, laissa quatre femmes légitimes. Les prêtres brahmes décidèrent que deux de ces femmes devaient être brûlées avec le corps de leur mari, et désignèrent celles qui devaient avoir la préférence. Ç'eût été pour celles-ci une honte ineffaçable et un affront sanglant fait à la mémoire du défunt si elles avaient hésité à accepter ce singulier honneur. Persuadées du reste qu'on aurait recours à toutes sortes de moyens pour les engager de gré ou de force à se sacrifier, elles firent de nécessité vertu et parurent se dévouer de bonne grâce au triste sort qu'on leur réservait. On n'employa qu'un jour pour faire les préparatifs des funérailles.

« A trois ou quatre lieues de la résidence royale, on creusa une fosse carrée peu profonde et large de douze à quinze pieds en tous sens. On éleva une pyramide en bois de sandal supportée par un échafaud du même bois, et les piliers qui le soutenaient étaient disposés de façon qu'on pouvait les retirer aisément, et par ce moyen faire crouler subitement tout l'édifice.

« Du beurre liquide, contenu dans de vastes urnes de cuivre placées aux quatre coins, devait servir à arroser le bûcher pour hâter la combustion.

« Voici dans quel ordre le cortége se mit en marche. En tête se trouvait un grand nombre de soldats armés, immédiatement suivis d'une foule de musiciens, principalement de trompettes, qui faisaient retentir l'air de sons lugubres.

« Après eux venait le corps du roi, porté dans un superbe palanquin ouvert, accompagné de son pourohita — chapelain, — de ses principaux officiers et de ses plus proches parents, tous à pied et sans turban en signe de deuil, et d'une multitude de brahmes.

« Paraissaient ensuite les deux victimes, portées aussi chacune sur un riche palanquin, et chargées plutôt que parées de bijoux.

« Plusieurs rangs de soldats, placés de chaque côté, maintenaient l'ordre et écartaient la foule qui accourait de toutes parts.

« Les deux reines, accompagnées de leurs favorites, s'entretenaient de temps en temps avec elles. Suivaient leurs parents, hommes et femmes, à qui elles avaient distribué des présents considérables avant de sortir du palais.

« Une affluence innombrable de brahmes et de personnes de toutes les castes, formaient la marche.

« Arrivées à l'endroit où les attendait une mort prématurée, on leur fit faire les ablutions et autres cérémonies d'usage, et elles s'en acquittèrent avec courage et sang-froid. Cependant, lorsqu'il fallut faire la triple promenade circulaire autour du bûcher, une altération soudaine se fit remarquer sur tous leurs traits; leur fermeté paraissait près de les abandonner, malgré les efforts visibles qu'elles faisaient pour étouffer la voix de la nature.

« Durant cet intervalle, le cadavre avait été déposé sur la plate-forme dressée au milieu de la pyramide; on y fit monter les deux reines, toujours couvertes de leurs riches parures, et qui, après s'être couchées, l'une à droite et l'autre à gauche du prince défunt, se prirent par la main en passant leur bras par-dessus son corps. Les brahmes officiants prononcèrent à haute voix plusieurs memtrams (invocations), aspergèrent le bûcher avec le tirtam (eau lustrale), et le beurre contenu dans les vases fut jeté sur le bûcher; en même temps le feu fut mis d'un côté par le plus proche parent du roi, de l'autre par son pourohita et tout autour par les brahmes les plus distingués de l'assistance; bientôt les flammes s'élevèrent avec rapidité, et les supports de l'édifice ayant été retirés, il s'écroula et dut écraser dans sa chute les deux malheureuses victimes.

« A cette vue, tous les spectateurs poussèrent

des cris de joie. Les parents qui entouraient le bûcher appelèrent à plusieurs reprises les princesses par leur nom, et l'on avait entendu, disait-on, sortir du milieu des flammes le mot *yeṇ!* quoi? distinctement prononcé... Illusion du fanatisme, les pauvres victimes étaient certainement en ce moment étouffées sous les flammes et incapables de répondre.

« Deux jours après, lorsque le feu fut entièrement éteint, on retira des cendres les ossements qui avaient échappé à la violence des flammes, et on les mit dans des urnes de cuivre rouge qui furent scellées du sceau du nouveau roi. Quelque temps après, trente brahmes furent choisis pour porter ces reliques à Bénarès et les jeter dans les eaux sacrées du Gange. Ils reçurent à leur retour de la ville sainte une riche récompense.

« On réserva une partie des ossements, qui, mis en poudre et mêlés avec du riz, furent mangés par douze brahmes; par cet acte répugnant, toutes les fautes commises par les défunts furent purifiées.

« Des présents importants furent faits à tous les brahmes qui avaient présidé aux funérailles et à ceux qui les avaient honorées de leur présence.

« Sur l'emplacement où le roi défunt et ses deux infortunées compagnes avaient été consumés, on construisit un mausolée rond, d'environ douze pieds de diamètre, surmonté d'un dôme. Le prince régnant y fait de temps en temps des visites, et vient y faire des sacrifices aux mânes de ses ancêtres. »

Aujourd'hui, c'est un lieu de pèlerinage célèbre; les dévots y viennent en foule, on prétend même qu'il s'y fait des miracles.

Les cérémonies qui accompagnèrent l'incinération de la brahmine du village de Djhor où nous nous trouvions, furent à peu près semblables à celles qui viennent d'être décrites, quoique faites avec moins de richesse et de pompe.

Au lever du soleil, le corps du brahme fut enlevé sur un palanquin découvert, et sa femme, nommée Kethor-Monie, le suivit, portée dans un véhicule identique tout orné de fleurs.

Le cortége se dirigea lentement du côté de la campagne; tous les spectateurs venaient à leur tour féliciter la brahmine sur son courage et la beauté de son dévouement, et elle, toute souriante et parée de tous ses joyaux, détachait de ses ornements quelque objet dont elle faisait cadeau à ceux qui la complimentaient, et qui étaient des amis du défunt; à la foule, elle distribuait des feuilles de bétel et des souhaits de bonheur. Tous ceux qui parvenaient à attraper quelque chose, se retiraient avec les signes de la plus grande joie; ils ne doutèrent pas un instant que les souhaits de la jeune femme à leur égard ne se réalisassent de tout point.

Nous suivions le cortége avec nos éléphants, pour observer tous les détails de la cérémonie, mais nous nous promettions bien de ne pas assister au dernier acte de l'affreux sacrifice.

Pendant tout le trajet qui fut assez long, la victime conserva son air souriant, et il semblait que sa fermeté ne dût pas se démentir. Cependant, arrivée en face du bûcher, une pâleur mortelle envahit son visage; elle se mit à trembler de tous ses membres et éclata en sanglots. Pauvre jeune femme, presqu'un enfant, elle était âgée de dix-sept ans à peine!

Qui sait à quelle suggestion odieuse elle avait cédé, lorsqu'elle avait fait le vœu inconsidéré qui la traînait au bûcher? Lorsqu'on voulut l'arracher du palanquin, pour la conduire à l'étang des ablutions, elle s'y cramponna de ses petites mains chargées de bijoux et de fleurs en poussant des cris déchirants. C'en était trop, ma compagne et moi donnâmes l'ordre au cornac Moniram-Dalal de ramener Sravana au village; nous nous sentions défaillir, et pour rien au monde nous n'eussions voulu être témoins du dénoûment de cette horrible tragédie.

Nous sûmes de ces messieurs qui, plus maîtres de leurs émotions, avaient tenu à rester jusqu'à la fin, pour voir s'il ne serait pas possible de profiter d'une lueur de sensibilité chez les assistants, pour les engager à reconduire la pauvre Kethor-Monie dans sa demeure, que la malheureuse veuve avait été traînée au bûcher dans un état de prostration complète, et jetée inanimée sur le corps de son mari.

— Vous n'avez pas trouvé l'occasion d'intercéder pour elle? leur dîmes-nous.

— Non, nous fut-il répondu; la foule s'était

exaltée de plus en plus, et elle eût infailliblement mis en pièces tout étranger qui eût tenté, non pas de soustraire Kethor-Monie à son sort, cela est impossible, et l'on ferait à moins révolter toute une province dans l'Inde, mais simplement d'employer la voie des remontrances ou même de la prière... l'intervention d'un étranger au milieu des cérémonies religieuses des Indous, dans leur croyance, frappe ces cérémonies d'impureté, et ces souillures ne peuvent être lavées que par la mort du mécréant.

Il n'y avait rien à répondre à ces paroles, qui étaient l'expression exacte d'une situation, que ne connaissent pas les romanciers, qui font ravir aux bûchers brahmaniques les veuves indoues par de jeunes paladins en gants jaunes qui viennent de quitter les rives de la Tamise ou de la Seine.

Blessez les Indous dans la moins importante de leurs coutumes religieuses, et ces peuples si doux, si inoffensifs, se transforment en fous furieux et se font hacher pour la défendre.

Le lendemain matin, lorsque nous reprîmes la route du Gange, nous passâmes près du bûcher de Kethor-Monie qui fumait encore ; plusieurs centaines de fakirs, agenouillés dans la poussière, attendaient le moment où il leur serait permis de fouiller dans la cendre, pour y trouver quelques ossements qu'ils attachent dans leur chevelure en guise d'amulettes.

Trois jours après, nous arrivions sur les rives du Gange, en face de l'embranchement de l'Ougly. Le soleil allait disparaître du côté des montagnes du Behar, incendiant en rouge la vaste plaine liquide qui s'étendait à perte de vue devant nous, lorsque nos éléphants altérés plongèrent l'extrémité de leurs trompes dans les eaux du fleuve sacré.

A deux encâblures de nous, le dingui de M. Stevens, arrivé du matin, se balançait sur son ancre, en suivant le mouvement cadencé de la lame. Un hurrah frénétique des macouas, rassemblés sur le pont, accueillit notre apparition. Nous remerciâmes de la main les braves gens qui avaient fait un véritable tour de force en accomplissant avec une telle rapidité une aussi longue traversée. Nous croyions avoir à les attendre, et ils nous avaient devancés.

Ce fut avec une sincère et profonde émotion

que nous nous séparâmes de Sravana et du vieux Narayanin : ces deux intelligents animaux, qui avaient été plus que des serviteurs pour nous, je dirai presque des compagnons, se mirent à beugler tristement en nous voyant nous éloigner du rivage dans le canot du dingui, et il fallut toute l'autorité que leurs cornacs avaient sur eux, pour les empêcher de nous suivre à la nage.

Afin de ne pas augmenter le chagrin de ces pauvres bêtes, que la nature semble n'avoir faites si grosses que pour donner plus de place aux battements de leurs cœurs, Moniram-Dalal s'élança sur Sravana et donna le signal du retour à Vellypoor. Leurs cris et nos adieux se confondirent dans le même bruit, et les deux colosses disparurent dans les brumes du couchant.

Quelques heures après, au lever de la lune, notre dingui se mettait en marche à son tour, et le surlendemain nous apercevions Chandernagor, cette ruine riante, endormie sous la verdure et les fleurs, que les Indous appellent Franguys Donga, la ville française.

TABLE DES MATIÈRES

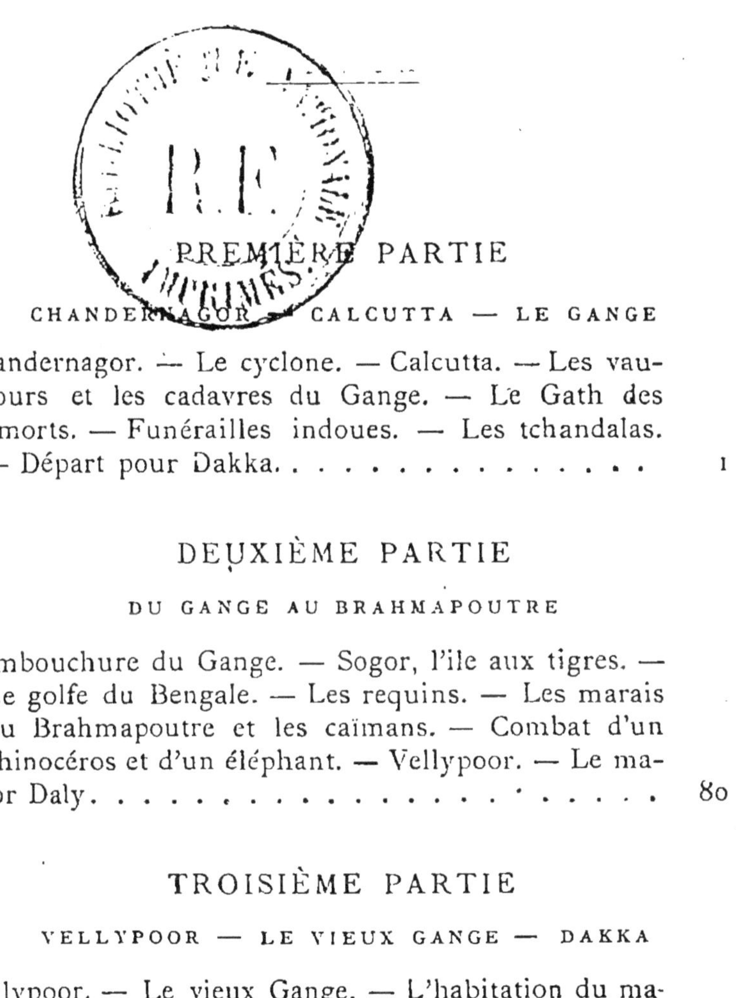

PREMIÈRE PARTIE

CHANDERNAGOR — CALCUTTA — LE GANGE

DEUXIÈME PARTIE

DU GANGE AU BRAHMAPOUTRE

TROISIÈME PARTIE

VELLYPOOR — LE VIEUX GANGE — DAKKA

QUATRIÈME PARTIE

DAKKA — RADJEMAHL — CHANDERNAGOR

FIN DE LA TABLE DES MATIÈRES.

Imp. Eugène Heutte et Cie, à Saint-Germain.

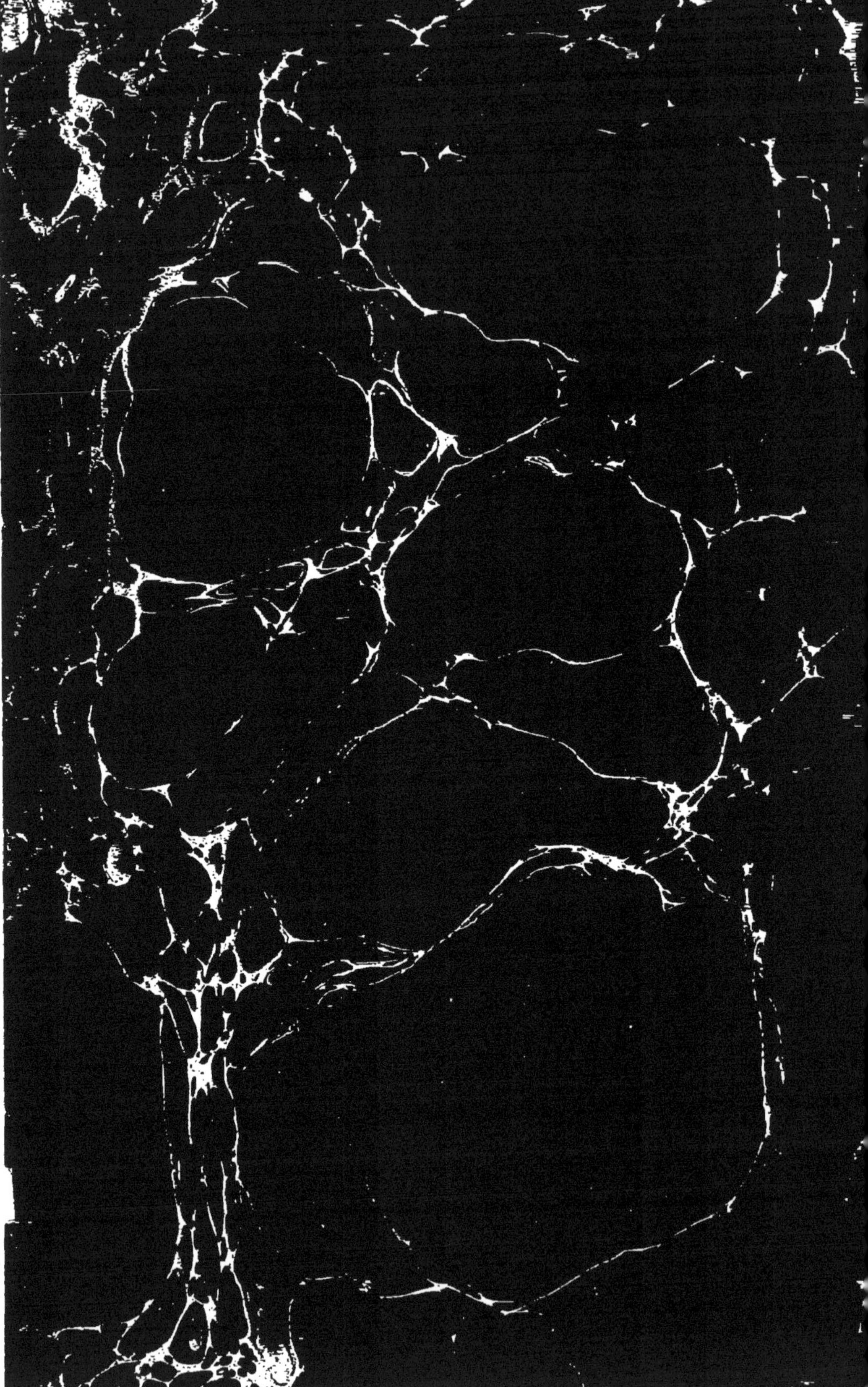

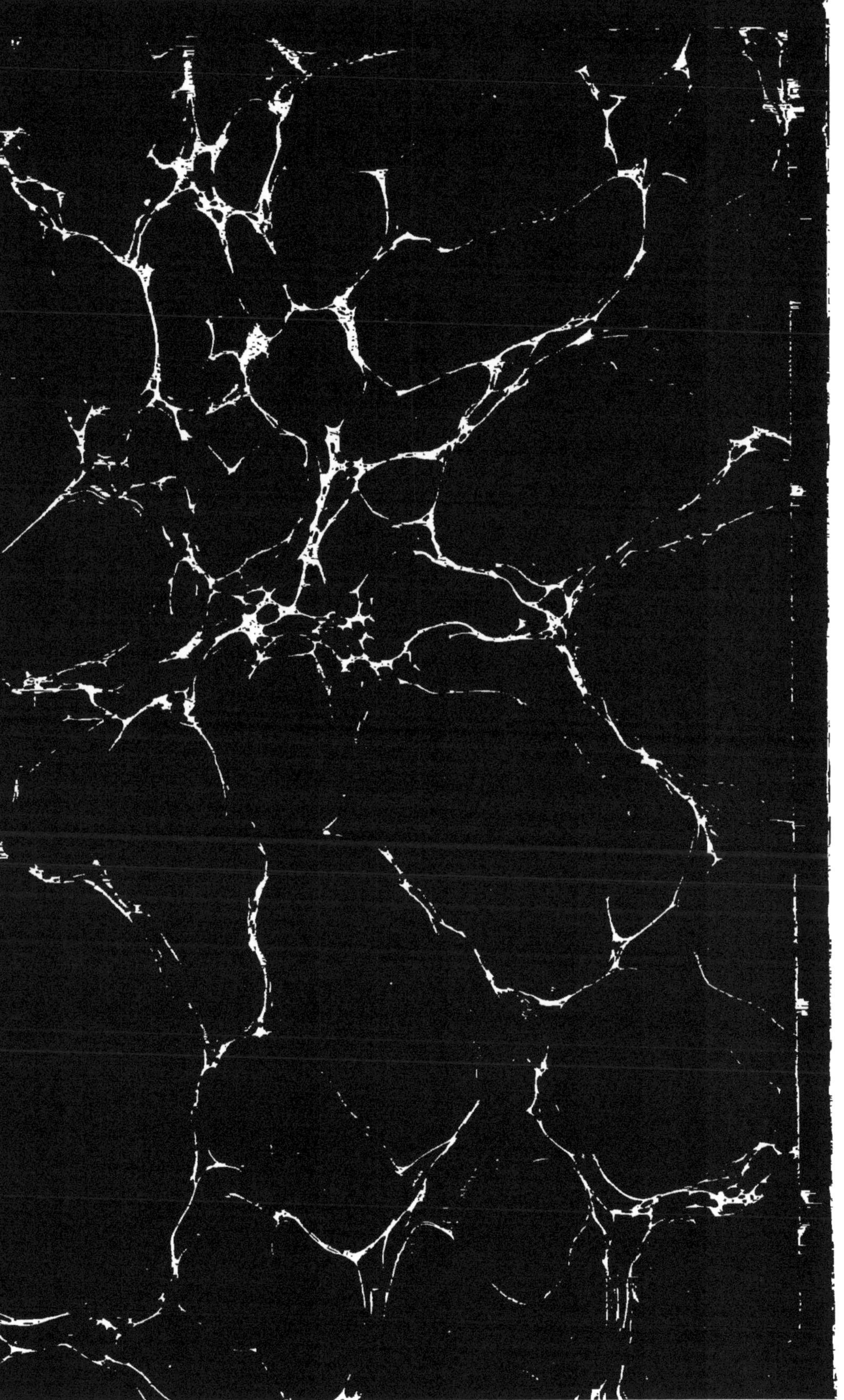

www.ingramcontent.com/pod-product-compliance
Ingram Content Group UK Ltd.
Pitfield, Milton Keynes, MK11 3LW, UK
UKHW012158240726
13966UKWH00002B/418

9 782011 782632